地球空间信息技术丛书

U0116228

警用地理信息系统应用与实践

陈树辉　颜　伟　向冬梅　编著

电子工业出版社

Publishing House of Electronics Industry

北京 · BEIJING

内 容 简 介

本书是一本面向警用地理信息系统应用与实践的专著，分为 10 章，第 1 章阐述了警用地理信息系统的基本概念，及发展的背景、现状与趋势；第 2、3 章阐述了警用地理信息的采集、处理、集成和可视化；第 4、5 章分别论述了警用地理信息的地理编码与地址，以及警用地理信息的共享与服务；第 6～8 章针对警务工作实际需要分别阐述了警务时空分析技术、突发公共应急分析模型和城市应急管理系统模型；第 9、10 章探讨了警用地理信息系统建设实践的两个实例。

本书可作为从事警用地理信息系统研究和建设领域的研究人员和工程师的参考用书，也可作为高等院校地理信息类专业学生的教学参考用书。

图书在版编目（CIP）数据

警用地理信息系统应用与实践/陈树辉，颜伟，向冬梅编著. —北京：电子工业出版社，2011.5
（地球空间信息技术丛书）
ISBN 978-7-121-13378-7

I. ①警…　Ⅱ. ①陈…　②颜…　③向…　Ⅲ. ①公安－地理信息系统　Ⅳ. ①P208

中国版本图书馆 CIP 数据核字（2011）第 075091 号

责任编辑：曲　昕
特约编辑：寇国华
印　　刷：三河市鑫金马印装有限公司
装　　订：
出版发行：电子工业出版社
　　　　　北京市海淀区万寿路 173 信箱　邮编　100036
开　　本：787×1092　1/16　印张：11.25　字数：230 千字
印　　次：2011 年 5 月第 1 次印刷
印　　数：3 000 册　　定价：36.00 元

凡所购买电子工业出版社图书有缺损问题，请向购买书店调换。若书店售缺，请与本社发行部联系，联系及邮购电话：（010）88254888。

质量投诉请发邮件至 zlts@phei.com.cn，盗版侵权举报请发邮件至 dbqq@phei.com.cn。

服务热线：（010）88258888。

前　言

地理信息系统（Geographic Information System，GIS）是 20 世纪 60 年代发展起来的分析与研究空间信息的技术，是地图学、地理学、遥感与卫星定位技术，以及计算机科学等多种学科交叉的产物。目前 GIS 技术已经在各行各业有广泛的应用，如城市规划、土地利用、资源环境、农业和公安等领域。据抽样调查，我国有 25 个省市和 19 个行业在不同程度地使用 GIS。在我国的"十二五"规划中，明确提出将加强地理信息资源在电子政务及国民经济建设各领域的应用。

公安部门担负保障人民生命财产安全和社会稳定的重要职责，在国民经济建设中发挥了重要的作用。随着经济的发展和社会的进步，公安部门正面临着许多新的问题，尤其是当前刑事犯罪的活动性、对抗性和隐蔽性，以及犯罪手段的技术化、智能化和多样化的特点日益突出。新行业和新领域的犯罪也逐年增多，给公安工作带来了严峻的考验。公安部门原有的传统工作模式和信息处理方式已经不能满足现代社会的发展要求，迫切需要采用高新技术手段，并且走信息化的科技强警的发展道路。GIS 技术在空间分析和可视化表达方面的优点，可以弥补公安机关当前常规信息化应用系统中分析数据的局限性；综合利用该技术所特有的空间分析功能和强有力的可视化表达能力，使警务数据信息和空间信息融为一体；通过监控各种警务工作元素在空间的分布情况和实时运行情况，分析其内在联系，合理配置和调度资源，可以提高各警务部门的快速响应和协同处理能力，并为指挥调度提供科学的决策。随着 GIS 技术在公共安全领域应用的不断成熟，公安部已经将警用综合地理信息系统建设列入"金盾工程"的 23 个一类项目中，成为该工程的重要组成部分。目前我国已有数十个城市建立了警用地理信息系统，这对公安行业进行案件侦破，全面提高对犯罪的打击力度，以及维护社会秩序稳定起到了至关重要的作用；并且也为地理信息行业带来了很好的发展机遇，一些从事警用地理信息系统建设的企业因此获得了很好的发展。可见警用地理信息系统既有很好的实用价值，也具有很高的商业价值。

陈树辉编写了第 1、2、6 章并统稿，第 3～5 章由颜伟编写，向冬梅编写了第 7、8 章，王晓晶编写了第 9、10 章。在本书的编写过程中，得到东方泰坦公司技术团队的大力支持，在此深表感谢。

本书可作为从事警用地理信息系统研究和建设领域的研究人员和工程师的参考用书，也可作为高等院校地理信息类专业学生的教学参考用书。由于时间仓促，加之作者水平有限，所以书中不免存在疏漏之处，恳请读者指正。

目　　录

第1章 警用地理信息系统概述

1.1 公安信息化

1.1.1 概述

进入 20 世纪后期，世界经济的发展出现了两种新的趋势，一方面，随着信息技术的飞速发展，以计算机、信息技术和网络为代表的信息化浪潮在全球范围内引发了一场"新经济革命"。这场"革命"对传统的思维模式、发展模式、贸易模式和管理模式都产生了巨大的冲击，并推动信息产业成为全球最具活力的产业。它不仅在经济领域，而且对整个社会都产生了非常深远的影响；另一方面，传统经济结构和产业结构正在全球范围内发生着深刻的调整和变革。特别是由于现代高新技术和信息产业的迅速发展，提升了传统产业的生产力水平。在新的商务平台和新的技术条件下，传统产业获得了调整、改造与加强发展的持久动力。

电子政务已经成为中国信息化建设的龙头，以及各级政府日常工作中的重要组成部分。始于 1984 年的公安警务信息系统建设经过 20 多年的发展已初具规模，作为电子政务的基础之一，该系统建设更显重要。没有这个系统的应用运行，也根本谈不到完整的公安部门的电子政务建设。近年来随着警务信息化建设的快速推进，伴随现代警务机制改革的不断深化，各项警务工作对公安警务信息系统的依赖程度不断增强。

公安信息化是行业信息化的一种，指在公安部的统一规划组织下广泛应用先进的信息技术开发并综合利用公安信息资源，建设覆盖全国各级公安机关的信息通信网络和应用系统。其目标在于建立和完善公安信息化运行管理机制，并且培养公安信息化人才以确保维护稳定、打击犯罪、治安管理、队伍建设和服务社会等各项公安工作的健康发展，从而加速推进公安工作现代化的一个进程。公安信息化的核心是公安信息资源的开发利用，实质是信息资源共享，关键是信息技术应用。

1.1.2 公安信息化建设框架

公安信息化建设从应用功能的角度分析，可以分为如下 3 个层次。

（1）全国公安通信网络和全国公安应用系统，主要用于开展的网上追逃和网上打拐等刑侦功能。

（2）实现与其他执法部门信息共享，通过政府机构间的广域网为全国其他执法机关和部门提供数据服务，也为劳动、民政、银行和保险等部门提供必要的基础信息服务；同样，全国公安机关也可以通过信息网络从其他有关部门获取需要的信息。

（3）公安机关在国际互联网上的公众信息网站，在网上实现与社会的信息共享。在网上公开警务，依法行政，并履行服务与管理职能。

从上面的层次划分情况分析，公安部门作为我国社会治安和保障机构，具有特殊的职能，因此信息化的建设也相应地围绕职能需要来逐级深入。通过信息化的建设来提高公安部门刑侦、追逃和监管等重要基本职能，公安信息化首先是内部信息化，即通过内部专用通信网的建设来提高公安部门的业务处理效率。而随着信息化建设的不断完善及社会对相关公安公共信息需求的增加，一些涉及广大民众的公安公共信息服务系统也要相继发展起来，从而形成一个完整且内外部信息相结合的公安信息系统。

公安综合信息系统总体框架如图 1-1 所示。

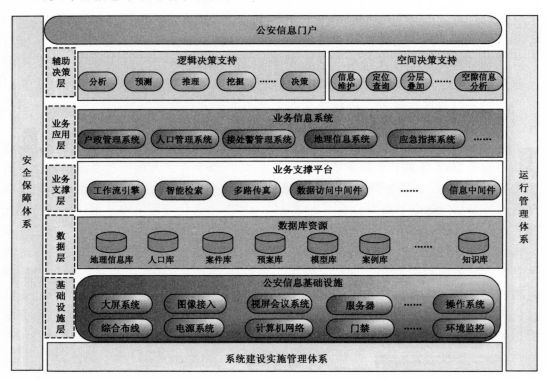

图 1-1 公安综合信息系统总体框架

公安综合信息系统总体框架的说明如下。

（1）基础设施层：包括各项应用的共用基础设施，如计算机硬件、网络和通信设备等。

（2）数据层：公安部门各个业务应用系统所需的数据资源，如地理信息库、人口库和案件库等。

（3）业务支撑层：为各业务系统提供业务支撑的中间件和组件库等，如工作流引擎和智能检索中间件等。

（4）业务应用系统：面向警务工作的各类信息系统，如户政管理系统、警用地理信息系统和应急指挥系统等。

（5）辅助决策层：采用数据仓库技术，以直观且丰富的展现形式引导用户观察和分析所关心的信息。为领导决策提供宏观性及趋势性的信息支持，包括逻辑决策支持和空间信息决策支持两类。

公安综合信息系统总体框架的 3 个体系如下。

（1）安全保障体系：包括网络和系统的安全运行机制及安全管理机制等。

（2）运行管理体系：指以公安信息中心为核心的组织机构、岗位职责和管理规范等。

（3）系统建设实施管理体系：指各类系统建设过程对项目进行监管，保障系统建设质量的管理体系。

公安信息门户以公安网站为平台，用动态及个性化的方式集成公安的各种应用系统，通过统一的安全访问策略为广大公安干警提供方便、快捷和安全的信息服务。

1.1.3　公安信息化建设内容

公安机关作为政府的重要职能部门，其职责是实现对社会的有效管理和服务。公安信息化不仅要服务于公安机关，还必须要为整个社会提供服务。公安信息化可分为两部分，一部分是内部信息化，主要目的是提高管理水平并降低管理成本；另一部分是外部的信息化，即通过信息化增强公安机关打击犯罪和维护社会稳定的能力，为社会民众和企事业单位提供优质高效的服务等。因此公安警务领域对信息化有极为迫切的需求，总体上可分为基础设施建设和应用系统建设两个部分。

1. 基础设施建设

基础设施建设包括公安通信基础设施建设和公安专用计算机网络建设。公安通信基础设施建设主要包括如下部分：

（1）建设和改造公安电话网，连接公安部至全国 31 个省、400 多个地市和 4 000 多个县市的公安机关；

（2）建设和改造公安有线数据通信设施，要覆盖全国 31 个省和 400 个市，尽量拓展到县和市；

（3）建设和改造公安卫星通信设施，支持视频、语音和数据通信；

（4）建设和改造公安移动通信设施。

公安专用计算机网络建设包括如下部分：

（1）公安骨干计算机网络的建设，骨干网分为 3 个级别，即一级网连接公安部及各省公安厅；二级网连接省公安厅与直属机构及所辖市公安局；三级网连接市公安局、县局及基层科和所。

（2）公安局域网建设的主要需求。

公安部、省公安厅和市公安局二级管理机构的所在地都需要建立局域网。

公安信息系统是依托公安专用计算机网络的应用系统，基本需求是促进公安信息的规范化管理，建设一定数量并具有重要应用意义的公安业务和办公信息系统。从而促进公安业务和办公的信息化，实现信息共享和综合利用。并且增强信息系统的网络通信能力，促进公安信息通信和业务办公的网络化。

2．业务信息系统

在基础设施之上，还需构建一系列的面向业务应用的信息系统，包括：

（1）人口管理信息系统。

该系统包括常住人口信息系统、暂住人口信息系统和旅店业信息系统。

（2）刑侦信息系统。

该系统是以案件为主线的刑事案件信息系统，要求具有案件的查询统计和分析功能，以及具有服务于串、并案和案件档案管理等功能；以人员为主线的违法犯罪人员信息系统实现违反犯罪人员及涉案人员的快速查询认证比对，其他还有涉案物品管理系统、指纹自动识别系统和刑事犯罪信息综合系统等。

（3）出入境管理信息系统。

该系统包括证件签发管理、各类出入境人员管理、出入境人员及证件的管理。

（4）监管人员信息系统。

该系统包括看守所在押人员信息系统、拘役所服刑人员信息系统、行政（治安）拘留人员信息系统、收容教育人员信息系统、强制戒毒人员信息系统及安康医院被监护人员信息系统。

（5）交通管理信息系统。

该系统包括公安交通管理信息系统、道路交通违章信息系统、进口机动车信息系统、道路交通事故记录信息系统、机动车辆目录代码信息系统及车辆/驾驶员转籍信息系统。以全国公安计算机三级主干网络为依托，以车辆档案、驾驶员档案、违章记录和事故等信息共享查询为主线，以地市级交通管理业务应用为基础，实现具有跨地区及跨部门的交通管理信息的高度共享、异地信息电子交换、业务数据的汇总及监督管理。

（6）办公厅的管理信息系统。

- 公安部指挥中心综合管理信息系统，包括收集、传递、分析、反馈和处置各种信息；在各级指挥中心之间实现有线和无线保密通信联络，传送语音、文字、数据和图像信息；利用处置突发事件预案和警用地理信息数据库辅助领导直观地协调、指挥、处置突发事件和重大事件。

- 公安统计信息系统的主要功能是逐级建立统计信息实体库和汇总库，为各警种提供统计分析资料。

- 公安机要综合通信信息系统：实现公安部与全国各地公安机关的传真和数据保密通信。加快公安部指挥中心综合管理信息系统建设，带动公安部办公厅的管理信息系统的发展。在网络化的基础上提高各系统的应用水平，强化统计规范。并且关联各警种的信息系统，建设覆盖全公安系统的统计信息系统。

（7）全国公安快速查询综合信息系统。

- 违法犯罪人员信息系统包括在逃人员信息系统、失踪及不明身份人员信息系统、通缉通报信息系统、被盗抢丢失枪弹信息系统、涉案（收缴）枪弹信息系统、被盗抢丢失机动车（船）信息系统和涉案（收缴）机动车（船）信息系统等。
- 公安基础信息系统包括常住人口索引信息系统、枪弹档案信息系统、出入境口岸检查信息系统、全国机动车（船）索引信息系统和全国机动车驾驶员索引信息系统等。

（8）警用地理信息系统。

运用 GIS 技术，将警务各种中所需的各种信息基于空间位置关联起来，进行管理、查询、分析和决策，提高警务工作效率。

3. 金盾工程

1998 年公安部为适应我国在现代经济和社会条件下实现动态管理和打击犯罪的需要，实现"科技强警"，增强公安系统统一指挥、快速反应、协调作战及打击犯罪的能力并且提高公安工作效率和侦察破案水平，因而提出建设"金盾工程"。

"金盾工程"实质上就是公安通信网络与计算机信息系统建设工程。它利用现代化信息通信技术增强公安机关快速反应和协同作战的能力，提高公安机关的工作效率和侦察破案水平，适应新形式下社会治安的动态管理。目的是实现以全国犯罪信息中心（CCIC）为核心，以各项公安业务应用为基础的信息共享和综合利用，为各项公安工作提供强有力的信息支持。

"金盾工程"是全国公安信息化建设的基础工程，是实现警务信息化或电子化警务的基础。该工程前期建设分为全国公安通信网络和全国公安应用系统两大部分，其中全国公安通信网络由公安专用计算机网络、公安专用电话网络和公安专用移动/无线通信网络 3 个部分组成；全国公安应用系统由全国公安信息系统、全国公安保密电视会议系统和全国公共信息网络安全监控中心 3 个部分组成。全国公安业务信息系统建设正在有条不紊地进行，已经建成的有人口信息系统、CCIC 系统、车辆管理系统和出入境信息系统等。

1.1.4 公安信息化的社会效益

公安行业应用中建设的新的系统，实施的新的方案需要一大笔资金的支持，近 3 年来"金盾工程"的总投资额超过了 60 亿元，投资的主体主要是地方财政。

在未来通过一系列创新行业应用的投入使用，无论是设备还是通信费用都将是一笔不小的数目，全部依靠财政显然是有困难的。公安信息化建设必须千方百计筹集资金，想方设法节约经费并且必须走社会化之路。公安信息化建设中的有些项目具有收费和创收功能，可以通过与承建方合作在项目收费中支付建设费用。从而全部或部分免除公安的建设投入，如违章罚款等收入的一部分也可以作为建设基金。

公安信息化作为政府信息化的一部分，以服务社会为根本宗旨。衡量公安信息化的成败要看其社会效益如何，要从社会整体上来衡量其利弊得失。因此成功的公安信息化必须要能够降低行政成本，提高行政效率。要有利于增强公安机关预防和打击犯罪的能力，并且要有利于维护社会稳定，保障人民安居乐业。

此外，公安机关加强公安信息化保障与服务工作机制建设可以全面提高公安信息化队伍的综合素质和战斗力，并且为推进整个某地区各行各业信息化建设发挥重要的示范带动作用。经过系统建设和项目的实施推广，公安和市民已逐步习惯采用新的信息化手段来解决生活和工作中的问题。公安办公效率的提高提升了公安的服务水平和服务效率，公安信息化工作的加强也提高了市民对公安工作的认知和认可。

1.1.5　公安信息化中存在的问题与不足

经过多年的建设，公交各部门的单机和单项应用得到了长足发展，已经积累了大量的基础信息，建设规模和应用水平不断提高。但是，网络化应用和综合应用还非常薄弱，跨地区及跨部门的信息共享远未实现。公安信息系统在现实斗争中的作用远未充分发挥，与我国公安工作的整体要求和形象还有很大差距。除了通信基础较为薄弱和计算机网络覆盖面较小外，当前在系统建设，特别是应用方面还存在如下问题。

1）整体规划不够

目前各地各部门一般自行进行软件开发和应用，就"纵向"而言，面向某类业务及其各个应用级别（部、省、市、县、所及队）的整体应用规划不够；就"横向"而言，缺少面向各个应用级别及所辖业务的整体应用规划，即应用系统建设缺少全国性的"条"与"块"结合的统一规划和标准。应用的整体规划和总体设计滞后，导致各业务部门"自建自用"应用系统。自成体系且独立使用，人为的技术封锁和信息孤岛现象严重，信息共享困难。因此在做好总体应用规划的前提下，充分调动和发挥各个业务部门的职能作用，从技术上和体制上保障信息的高度共享和综合利用成为当前迫切需要解决的问题。

2）应用开发缺乏统一规范

各地在系统建设中所采用的计算机网络结构、网络设备、运行平台、数据库种类、数据库表信息格式、数据库管理层次结构模式、信息传输和交换格式及底层传输软件不尽相同，并且在建设时没有考虑与其他省市的系统的衔接问题，使得不同系统之间及不同地区之间无法实现数据共享和交换。因此在技术上做好应用的总体设计，并且制订相关的技术标准和规范迫在眉睫。

3）信息共享程度较低

公安信息的特点是种类多、互补性强且关联关系较复杂，目前各业务应用系统大多处于独立运作且数据独立存放状态，信息系统网络化及集成化程度低。业务部门之间，甚至业务部门内部由于信息不能共享，造成资源的浪费和数据的不一致性。规模效益不高，不能满足公安执法工作对信息支持的要求。业务信息系统间普遍存在的信息交叉采集和重复录入的状况，造成存储冗余、重复建设，以及警力和资金浪费等。

4）整体应用水平不高

应用系统的整体功能不完善、网络化应用范围小且跨地区和跨部门查询效率低，迫切需要采用新技术扩充系统功能，提高系统共享能力，提升系统规模效益。由于信息结构不统一，导致信息综合利用困难，数据的准确性较差。由于各业务信息系统自行确定传输格式，底层传输软件不统一，所以业务信息系统间数据交换困难。在信息安全机制方面缺乏统一的规范且口令复杂，无法实现"单点登录，全网漫游"，严重影响了信息的共享。

5）数据资源深层次挖掘不足

公安系统有丰富的信息资源，这些信息资源不仅是公安工作的宝藏，也具有极大的社会价值和经济价值。当前各地业务信息系统的应用还仅仅停留在信息的存储管理、业务查询和静态统计上，信息的综合利用及增值服务的意识不强，信息的深层次挖掘不充分，十分宝贵的数据资源在国民经济建设中没有起到应有的作用。

6）整体安全机制缺乏

由于公安系统一直采用专线通信及业务信息化程度较低等原因，所以在网络和信息安全管理方面的基础非常薄弱。整体上没有成熟的安全结构，管理上缺乏安全标准和规范，应用中缺乏实践经验。

1.2 警用地理信息系统的现状和趋势

1.2.1 概述

地理信息系统（Geographic Information System，GIS）是 20 世纪 60 年代发展起来的分析与研究空间信息的技术，是地图学、地理学、遥感与卫星定位技术，以及计算机科学等多种学科交叉的产物。该系统以地理空间数据库为基础，采用空间模型分析方法适时地提供多种动态的空间信息，适用于城市规划、道路交通管理、地震灾害和损失估计、医疗卫生、军事，以及公安等领域。随着空间数据库技术（采用商业数据库系统管理空间信息）与网络技术的出现使地理信息系统管理海量数据成为可能，从而能够帮助用户分析和查询海量数据信息并以地图方式显示结果。将传统的数据库带入到可视化空间中弥补了管理信息系统中只能分析数据的局限性，使得管理者对各个方面的情况有一个全面的了解。进而统筹安排，大大提高了现代化管理水平。地理信息系统具有空间分析和方案优化的能力，可以建立现实世界事物的拓扑关系并优化空间分析和方案优化，以辅助用户对现实世界的事件做出决策。

运用现代高科技技术建设警用地理信息系统，提高公安部门的信息化水平，使其具有及时、迅速和准确的处警能力。这是提高公安系统现代化水平的需要，也是维护社会治安的重要保证。该系统利用空间地理信息技术，以电子地图为基础，以公安宽带网络为依托，以信息共享和综合利用为目标实现公安基础信息基于空间电子地图的可视化查询和分析。从而提高在指挥决策、快速反应及反恐等方面的综合能力，为治安管理、警力部署、巡逻布控和安全警卫等公安业务提供行之有效的管理手段。利用该系统的可视化及辅助决策功能可以为公安指挥自动化提供有力支撑，并能更有效地利用警力、信息和资源等，为公安部门增强统一指挥、通用协调、快速反应、协同作战和及时应付各类突发事件的能力，从而极大地提高公安部门的工作效率。

目前我国许多城市的公安部门已采用了地理信息系统，虽然在一定程度上发挥了重要作用，但由于没有全面考虑，所以无法形成各系统的联动，致使系统无法发挥其应有的巨大潜力，而且数据重复建设造成人力和财力的浪费。因此应建设警用地理信息综合应用系统作为整个警务系统的基础，以充分发挥地理信息系统的作用，全面提高打击犯罪的力度。

近年来随着公安部"金盾工程"的启动，公安网络基础设施条件和信息化应用水平不断提高，地理信息技术也开始越来越受到各级领导与业务部门的重视。公安部已将警用地理信息系统的建设列入"金盾工程"23个一类项目中，成为"金盾工程"的重要组成部分。公安部信标委也适时地组织有关单位制订和颁布了多个警用地理信息标准，并组织了多次比较成熟的实用技术的推广应用。但是对国内许多公安信息化建设部门来说，警用地理信息技术仍还是一个尚未涉及的全新技术应用领域。

公安领域中有许多业务都与空间数据和空间信息有关，涉及地理信息系统的业务很多，地理信息系统作为分析、处理与解决空间地理位置相关问题的有效工具在日常警务工作和公安实战中有广阔的应用前景。例如，警用地理信息系统在公安的110指挥接处警系统、122交通管理系统、119消防管理系统和GPS监控系统等系统中都有应用。从整个公安行业信息化和公安"金盾工程"建设的角度来看，建立警用地理信息应用与服务系统十分必要，是整个公安信息化建设的一部分。

1.2.2　国外发展现状和趋势

美国的警察、司法部门及相关研究机构是将最新的计算机制图和地理信息技术引入到犯罪分析与研究领域中的最早尝试者，早在 1997 年，当许多发展中国家的一些较大的警察部门才刚开始认识与尝试使用这一技术时，美国对其国内警察部门所做的一项调查表明在调查的 2 004 个警察部门中约有 13%已经采用了计算机制图。规模大一些的部门（正式警员超过 100 人）中有 36%的已采用计算机制图；而规模较小一些的单位（正式警员少于 100 人）当时也约有 30.6%采用计算机制图，这些部门采用计算机制图的时间平均约为 3.3 年。经过最近几年的推广，这个数字又有了极大的提高。目前人数超过 100 人的警察局约有 70%，警员不到 100 人的警察局也有 40%建立了类似的计算机犯罪制图系统。

尤其是美国在 2001 年遭受 9.11 恐怖事件后，美国警方和国家安全机构空前地增强了将 GIS 用于反恐、国土安全和灾难事件的快速应急反应及紧急救助等领域的重视和投资，9.11 事件后在美国盐湖城召开的 2002 年冬季奥运会的安全管理会议被认为是"美国有史以来最大的一次公共安全行动"。而基于 GIS 建立的安全指挥调度系统在确保多部门联合作战及奥运会期间的绝对安全方面发挥了特别重要的作用，堪称是 GIS 在警务安全方面应用的典范。

此外，在这方面起步较早并在应用方面走在前列的国家还有英国、加拿大和澳大利亚等国家。例如，目前英国的青少年犯罪组、缉毒组、消防和交通警等 10 多个部门都已采用 GIS。而那些在 20 世纪 90 年代中后期开始起步，目前也正在积极开展 GIS 在警务领域应用的国家还有德国、日本、南非、奥地利、挪威、比利时、玻利维亚、韩国、阿根廷、印度、巴西和阿尔巴尼亚等。

为了更好地推动与促进和 GIS 在警察及司法领域中的应用，美国从 1997 年开始每年都会就"公共安全方面的制图与分析"这个主题举办一次年会来交流探讨在犯罪制图研究与技术应用方面的最新进展信息。目前该年会已发展成为国际性的年会，每年都会吸引国内及国际的犯罪分析员、警官、劳教管理人员、研究人员，以及其他从事司法工作的人员，甚至社区成员等前来交流。2004 年在美国波士顿召开的第 7 届会议有来自美国本土和其他 15 个国家的超过 400 名代表参加，其中来自其他国家的代表约占 10%。该年会为促进以 GIS 和犯罪制图的发展起到了一个重要的平台作用，此外，澳大利亚犯罪研究所还在 2000 年召开过一次犯罪制图方面的国内研讨会议。英国分别在 2003年和 2004 年 3 月由伦敦大学的犯罪科学学院连续主办了首届和第 2 届国内的犯罪制图学术研讨会，这也从一个侧面反映出这些国家在该领域的应用方面已经达到一定的规模与水平。

1.2.3　国内发展现状和趋势

我国在 20 世纪 80 年代中期将计算机引入到日常警务信息管理工作中，但是对地理信息技术的了解和使用却是 90 年代中后期的事情。为了及时、准确并高效地处理各种突发事件，公安部提出要健全指挥系统，做到统一指挥、快速反应和协同作战，以切实提高动态环境下对城市治安的控制能力。为此公安部于 1990 年由公安部第一研究所承担并研制了用于警用业务的指挥调度系统，它由公安通信调度设备和计算机辅助指挥工作站组成，并在全国各省会城市，以及开封和深圳等试点城市进行了推广。这是我国第 1 次把 GIS 技术应用于城市治安管理，由于数据和技术力量准备不足，所以除了南京、南宁、开封和深圳少数几个城市外，并没有得到很好的应用。但它掀起了城市建立警用地理信息系统的高潮，此后不久天津、上海、武汉、南宁、石家庄、海口、常州、深圳、漳州和枣庄等城市开始研制各自的警用地理信息系统。1995 年公安部以郑州、南宁、大连和厦门作为试点城市建设以警用地理信息系统为中心的 110 接处警系统，1996 年将试点城市扩大到 40 个，并要求全国各主要城市于年底前务必保证 110 开通。1997 年各省、自治区和直辖市的公安厅又将辖区内各市县的 110 建设作为重点。从 2002 年起，公安部即开始编写公安行业内部的地理信息系统的相关标准和系统建设规范，经过近 3 年的研究正式出台了《警用地理信息系统系列标准规范》；同时，公安部也将警用地理信息系统列入"金盾工程"23 个一类项目中，成为"金盾工程"的重要组成部分。经过十几年来的发展，警用地理信息系统在我国已初具规模并在 2003 年抗击非典型性肺炎（SARS）的斗争中发挥了巨大的指挥协调作用，受到了各级领导的高度评价。总地来说，我国警用地理信息系统的起步虽晚，但势头很猛，发展很快。它不仅推动了警用地理信息系统的发展，而且为我国 GIS 的发展也做出了重要的贡献。

总体上，近年来各地由通信部门牵头建立的一些警用地理信息系统（平台），大多以建立全局统一的共享警用地理信息空间数据库和开展综合性 GIS 业务应用为目标。无论是在系统规模，还是在系统功能上相对于以往的单一业务系统（如 GPS 指挥调度系统）应用来说都是一个巨大的进步。但与国外相比，由于各方面的原因，我们国内现阶段所开展的 GIS 应用大多还只是浅层次的，所以整体应用水平还比较低，GIS 在警务工作中的应用尚不是很成熟、应用范围不是很广，在日常警务管理、犯罪分析与预防，以及指挥决策等警务实战中所发挥的作用仍有限。但是，也应看到正因为起步晚，所以一定程度上我国开展警用地理信息系统建设存在一定的后发优势，一是目前 GIS 软件自身的功能越来越完善，更有利于业务应用功能的开发实现；二是经过近几年来公安信息化建设，各地都已建设了良好的网络环境和硬件设施，并积累了大量的业务信息，为开展警用地理信息系统建设奠定了良好的硬件和业务数据基础；三是各级领导对这项工作越来越重视，公安部信标委也在通过制订并组织标准宣贯，以及经验介绍等形式在积极引导并推动全国警用地理信息应用的开展；四是还有国外同行和国内兄弟单位在该领域的探索经验可供借鉴。所有这些，对各地开展警用地理信息建设应该是很有利的。

1.3　警用地理信息系统的建设内容与要求

1.3.1　部级警用地理信息系统

1. 部级警用地理信息系统的定位

（1）满足部级 GIS 应用要求，实现对全国、省（直辖市）及省会城市警用地理信息共享、交换和使用。

（2）满足部级宏观决策分析，实现全国要情信息基于空间的综合分析和专题展现。

（3）满足部级指挥调度要求，实现对发生重特大案（事）件和反恐应急事件的处置。

2. 部级警用地理信息系统的数据要求

（1）全国范围内的应用宜采用 1∶4 000 000、1∶100 000 和 1∶250 000 比例尺，最宜采用第 3 种。

（2）在全国范围内对重点区域，如省及边界等区域可采用 1∶50 000 比例尺。

（3）直辖市、省会城市及重点城市可采用 1∶50 000 和 1∶10 000 比例尺。

3. 部级警用地理信息的系统建设内容

（1）建立统一的警用地理信息符号库和警用地理信息标绘系统，为全国各级公安机关提供一套完整的符号库和标绘系统。

（2）构建空间数据共享与交换平台，实现全国 1∶2 500 000 比例尺的数据、省级警用地理信息数据与省会城市数据的交换、建库和管理。

（3）构建以指挥调度为核心的预案管理、应急指挥和处置系统，实现对重大事件的处置。

（4）构建全国三维地形可视化系统，为部级宏观决策和应急处置提供支撑。

（5）实现对主要重点城市基于电子地图的图像监控。

（6）为全国民警提供电子地图服务，可以浏览和查询全国、省、市及县的信息并提供路径分析服务。

（7）与部宏观分析数据库连接，基于电子地图反映公安业务在全国的宏观情况。

1.3.2　省级警用地理信息系统

1. 省级警用地理信息系统的定位

（1）满足省级宏观决策分析要求，实现全省警用地理信息共享和交换，以及基于空间的综合分析和专题展现。

（2）满足省级应急联动指挥要求，实现对发生重特大案（事）件和应急事件的处置。

（3）为全省开展业务的公安实战部门提供警用地理信息系统支撑。

2. 省级警用地理信息系统的数据要求

（1）全省范围内的应用宜采用 1：250 000、1：50 000 和 1：10 000 比例尺，最宜采用第 3 种。

（2）在全省范围内对省会和重点城市可采用 1：5 000 以上的更大比例尺。

（3）在地级市可采用 1：10 000 以上的比例尺，有条件的城市可采用 1:5 000 比例尺。

（4）有条件的省在全省可辅以中低分辨率遥感影像，如 30 米分辨率的 TM 影像及 5 米的 SPOT 影像。

3. 省级警用地理信息系统的建设内容

（1）搭建全省警用地理信息网络共享与发布平台，实现全省警用地理信息资源共享与发布，以及全省多级电子地图体系管理。

（2）建立全省警用地理信息数据库，直观再现全省地形情况、交通状况、公安机关布控堵截卡点，以及公安机关和警力的分布状况等。

（3）建立与全省业务信息资源库的关联，实现基于区域的信息资源专题分析和可视化。

（4）建立省级重大事件处置和应急指挥地理信息系统，实现预案管理、指挥态势标绘和动态推演、应急指挥及历史案件管理等。

（5）为省级公安实战部门，如高速公路交通管理、边防管理及警卫管理等提供警用地理信息业务应用支撑，开展实战应用。

1.3.3 城市级警用地理信息系统

1. 城市级警用地理信息系统的定位

（1）重点解决业务信息上图，电子地图作为业务信息的载体提供对业务信息定位、可视化展示，以及查询和专题分析。

（2）利用地理信息特有的空间关联关系，可以建立多种业务信息之间的基于地图的关联，实现以地图关联业务信息寻找业务信息之间的分布规律和空间关系，为指挥决策、业务分析与规划提供依据。

（3）利用地理信息实现对控制力量的动态管理与勤务监督，提高警务力量的科学化管理程度。

2. 城市级警用地理信息系统的数据要求

（1）城区宜采用 1：2 000 的大比例尺，郊区可采用 1：10 000 比例尺。

（2）在城区可辅以高分辨率的遥感影像，如 1∶2 000 比例尺的航空影像及 1 米或 0.61 分辨率的卫星影像；郊区可辅以中高分辨率的遥感影像，如 5 米或者 10 米分辨率的卫星影像，以及 1∶1 000 比例尺的航空影像等。

3．城市级警用地理信息系统的建设内容

（1）建立基础电子地图数据社会化采集更新服务机制，为全市提供最新和最好的基础电子地图数据，为业务信息上图提供权威、可靠且最新的定位参考。

（2）对业务信息图上需要的标准地点信息进行整理、更新和规范，为业务信息提供统一规范的地点数据字典、标准地点数据库，以及相应的匹配和比对软件，为业务信息上图提供自动且准确的定位参考。

（3）依据标准地点库对综合查询数据库进行地址的规范化整理和比对，实现综合查询数据的信息上图。

（4）整合现有无线 GPS 定位资源，将各种无线 GPS 定位信息统一接入并统一对外服务，实现无线 GPS 定位信息上图。

（5）建立业务信息上图的技术规范和工作机制，解决各单位业务信息中地点信息的不规范状况，为各单位业务信息上图提供技术手段。

（6）建立上图业务信息共享和可视化服务机制，上图业务信息对全省（市）开放，以提供应用与服务。

（7）建立"以地关联业务"服务机制，实现基于地图的业务信息关联和基于地图的各种业务信息综合查询服务。

（8）将固定电话、报警及定位技术、有线无线调度技术，以及视频监控技术和电子地图进行有机结合，实现 110、119 与 122 报警固定电话地图自动定位和警力调度，以及重点区域视频图像监控。常住人口、暂住人口、重点人口和刑事案件等业务信息基于电子地图可视化查询和信息展现，为社会治安防控体系构建及有效运行提供预防、控制和打击的技术保障。

第2章 警用地理信息的采集与处理

警用地理信息是警务活动和警务管理工作中直接或间接与空间位置相关信息的总称，它是开展基于空间位置的警务分析应用的基础。目前公安部为警用地理信息系统提供了相关的标准和指导方案，很多城市也在积极开展警用地理信息系统建设。为保证将来不同城市间的警用地理信息能够互通共享，需要在数据组织方面建立统一的标准，因此如何有效地采集和组织警用地理信息就显得尤为重要。警用地理信息的生产本质上没有脱离传统地理信息生产的范畴，本章将从警用地理信息的分类、编码、采集、组织、处理和质量检查等方面进行阐述。

2.1 警用地理信息的分类与编码

2.1.1 警用地理信息分类

数据分类和编码是利用计算机数据存储、分析和处理的前提和基础，分类体系与编码系统是否符合标准规范直接影响数据组织、传输和共享，警用地理信息必须按照相应的信息分类标准及编码系统进行数据分类和编码改造。

根据《城市警用地理信息分类与代码》，警用地理信息按照数据来源、数据内容、数据应用范围和数据维护分工等特点可以划分为基础地理信息及警用业务地理信息。基础地理信息是指由基础测绘提供的地理信息，如道路、植被、水系和居民地等；警用业务地理信息是指反映警用业务管理特征的地理信息，如用于监控的警用报警器和摄像机等。基础地理信息必须严格按照标准的空间坐标体系和比例尺来制作，要求有很高的定位精度。这样在其他业务图层数据的制作过程中基础图层不仅可以作为空间定位参考，而且还可以提供精确的空间坐标信息。基础地理信息数据库建设的主要内容如表 2-1 所示。

表 2-1 警用基础地理信息建设内容

要素类别	图层名称	映射名称	图层信息描述	数据类型
水系	点状水系	DZSX_PT	描述点状特征的水系，如泉	点
	线状水系	XZSX_PL	描述单线河流及沟渠等无法用多边形描述的水系	线
	面状水系	MZSX_PG	描述双线河流及封闭水域流域等	面
	水状标注	SXBZ_ANN	水系标注	标注
民民地	居民地标注	JMDBZ_ANN	描述居民地行政登记所在地点或聚焦定居地点的专用名称	标注
	居民地标注	JMD_PG	居民地	面

要素类别	图层名称	映射名称	图层信息描述	数据类型
民民地	建筑物	JZW_PG	建筑物	面
铁路	铁路	TL_PL	铁路	线
	铁路车站	TLCZ_PT	车站，如客运站及货运站	点
	铁路桥涵	TLQH_PL	半依比例尺桥梁和涵洞	线
公路	公路	GL_PL	调整公路、汽车专用站、等级公路及等外路	线
	车站	GZ_PL	长途汽车站及公路货运站	线
	公路网	GLW_NET	公路网络	网络
管线与垣栅	管线	GX_PL	电力及电信等管线和井孔（如雨水、污水及消防栓等）	线
	垣栅	YS_PL	围墙、栅栏及台阶等房屋房屋辅助信息	线
行政区划界	省、市、县、区界	SSXQJ_PG	省、市、县及分区行政区划	面
	省、市、县及区界线	SSXQJX_PL	省、市、县及分区行政区划界线	线
	乡及镇街道界	XZJDJ_PG	乡、镇及街道行政区划	面
	乡及镇街道界线	XZJDJX_PL	乡、镇及街道行政区划界线	线
地形与土质	等高线	DGX_PL	等高线	线
	高程点	DGD_PT	高程点	点
	点状地貌	DZDM_PT	点状地貌特征	点
	线状地貌	XZDM_PT	线状地貌特征	线
植被	面状植被	MZZB_PG	绿地及绿化带	面
	线状植被	XZZB_PL	行树或者线状绿地	线
	点状植被	DZZB_PT	独立树或者点状绿地	点

　　警用业务地理信息是业务单位专用并反映业务管理特征的警用地理信息，各业务种类的业务专用地理信息包括以下内容。

　　（1）业务警种的组织（机构）信息：描述业务警种各单位的所在地、管辖范围、责任点、责任线路、责任区及警力分布等可在地图上标注的信息，如巡警的巡逻线路与辖区等。

　　（2）警用基础设施信息：由业务警种自己建设、管理或关心、有固定地理位置并在较长时间内不移动的物品，如消防栓、红绿灯和图像监控头等的位置信息。

　　（3）业务管理人员（或对象），如重点人口信息和法轮功人员等所在地的信息。

　　（4）业务管理的案（事）件，如刑事与行政案件发生地的信息。

　　（5）业务管理的场所、线路和区域，如治安重点防控区域的分布信息。

　　（6）业务管理（或业务所需要）的物品，如爆炸物、剧毒物和放射物等管制物品，以及警用装备存放地等位置信息。

（7）业务管理机构（或设施），如消防管理中的重点防火单位的所在地信息。

（8）业务工作方（预）案信息，包括布控线路、布控范围、警力装备与部署情况等。

警用业务地理信息数据库建设的主要内容如表 2-2 所示。

表 2-2　警用业务地理信息数据库建设的主要内容

图层名称	映射名称	图层信息描述	数据类型
案（事）件	ASJ_PT	110 所有案（事）件	点
警力部署	JLBS_PT	警力	点
图像监控点	TXJKD_PT	监控头	点
警用车辆船舶	JYCLCB_PT	GPS 巡逻车	点
巡逻车责任区	XICZRQ_PG	巡逻车责任区	面
派出所辖区	PCSXQ_PG	派出所辖区	面
分县局辖区	FXJXQ_PG	分县局辖区	面
交通事故	JTSG_PT	交通事故发生地、级别及案情描述等	点
交通标志	JTBZ_PT	里程碑、坡度表、路标及交通标志牌	点
交通信号灯	JTXHD_PT	各路口红绿灯	点
交通监控器	JTJKQ_PT	路口监控器	点
交通警力	JTXLJL_PT	交管局的 GPS 巡逻车及固定站岗交警	点
加油站	JYZ_PT	加油站	点
火灾事故	HZSG_PT	火灾事故发生地、级别及灾情描述等	点
门牌号码	MPHM_PT	门牌号码	点
消火栓	XHS_PT	市政消火栓及单位消火栓	点
消防水源	XFSY_PT	消防水池及天然水源消防取水码头	点
消防队	FD_PT	公安消防队及专职消防队、保安联合消防队及义务消防队	点
重点消防单位	ZDXFDW_PT	包括石油化工厂、危险化学品仓库、油罐区、液化石油气储配站、加油（气）站、粮棉油加工厂、木材加工厂、农药厂、大型集贸市场、人员密集场所、其他消防安全重点单位及在建重点工程等	点
消防企业	XFQY-PT	包括泡沫液厂、干粉厂、灭火器厂和消防器材厂等	点
灭火与抢险救援器材	MHYQXJYQC_PT	消防器材厂等包括灭火器材、防护器材、侦检器材、警戒器材、救生器材、堵漏器材、破拆器材、牵引起重器材、攀登器材、排烟器材、照明器材、输转器材、洗消器材及潜水器材	点
卫生局	WSJ_PT	市卫生局和区卫生局	点
急救中心	JJZX_PT	市急救中心、区急救中心一级、二级、三级、未评级医院、卫生站、工作室和社会办医院	点
医院	YY_PT	非营利性医医疗机构，社会办医营利性机构，坐堂医医疗机构及隶属红会医疗机构	点
血站	XZ_PT	血站	点

图层名称	映射名称	图层信息描述	数据类型
防疫站	FWZ_PT	防疫站及防疫保健机构	点
药品库	YPK_PT	药瓶库及药店	点

2.1.2 警用地理信息编码

警用地理信息编码由 1 位大写英文字母和 6 位数字组成，其结构如图 2-1 所示。

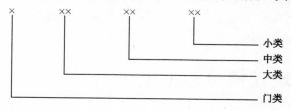

图 2-1 警用地理信息编码

2.1.3 属性参考模型

属性数据是描述地理实体的属性特征的数据，即描述"地理实体是什么"的数据，如类型、名称及性质等，其数据项包含多个信息。按照地理实体的自然属性、社会属性和管理属性将警用地理实体的属性数据项分为基本属性数据项、扩展属性数据项及业务专用属性数据项，如图 2-2 所示。

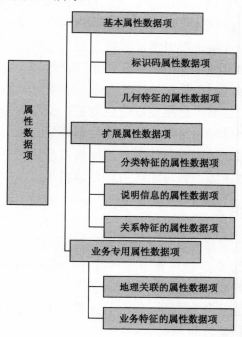

图 2-2 警用地理信息属性数据的构成

其中基本属性数据项指地理实体标识特征和几何特征，如地理实体的标识码及线状地理实体的长度等；扩展属性数据项指地理实体类别特征、说明信息及关系特征，如地理实体的分类代码、名称和类型等；业务专用属性数据项指描述地理实体与业务管理关联特征的属性数据项，通常指特定业务部门为了便于管理对象而赋予对象的用于标识其他业务特征的数据项。

警用地理信息属性数据项字段名称的命名方法采用汉语拼音首字母组合法，即字段名称由属性名称的每个汉字拼音的第 1 个字母组合而成。如果字段名称有重复，将后面的"属性名称"中的最后一个汉字改为全称；如果仍有重复，则将倒数第 2 个汉字改为全称。依次类推，直至没有重复为止。

2.2 警用地理信息的采集

2.2.1 采集的标准

警用地理信息系统的信息采集应遵循一定的标准规范，通常全市范围数据采用 1∶50 000 比例尺的地形图数据，全省范围内采用 1∶250 000 比例尺的地图数据。市区建成区范围采用 1∶2 000 比例尺的地图数据，核心区域采用 1∶500 比例尺的地图数据。坐标系采用 WGS-84 坐标，现势性要达到 2007 年；卫星影像采用存档数据中最新的快鸟 0.6 米分辨率影像数据。

在地理信息的采集和使用过程中应遵循公安部颁布的如下相关标准：

（1）GA/Z01—2004《城市警用地理信息系统标准体系》；

（2）GA/T491—2004《城市警用地理信息分类与代码》；

（3）GA/T492—2004《城市警用地理信息图形符号》；

（4）GA/T493—2004《城市警用地理信息系统建设规范》；

（5）GA/T530—2005《城市警用地理信息数据组织及数据库命名规则》；

（6）GA/T532—2005《城市警用地理信息数据分层及命名规则》；

（7）GA/T529—2005《城市警用地理信息属性数据结构》；

（8）GA/T531—2005《城市警用地理信息专题图与地图版式》。

2.2.2 采集的内容

警用地理信息采集主要依托基础地理数据，建立与公安工作有关的地理空间数据库。警用业务地理数据主要是指与警用地理信息系统关联的非空间公安业务数据，如人员资料、案件资料及车辆数据等。

警用业务地理数据包括多个方面，根据业务数据可以分别生成各类专题地图，以突出显示某一类业务数据的分布情况等。

以建筑物信息采集为例，建筑物是案情发生的场所之一，它有很多属性，警用系统所需要的建筑物信息主要包括联系电话、编码、业主、法人、楼高、层数、门牌号码、地面基点高程、地下室入口、建筑物入口及楼层平面图等。我们将警用系统中的建筑物信息根据重要程度划分为一般建筑物信息和重点建筑物信息。

（1）一般建筑物信息包括业主、法人、楼高、层数及门牌号码等。

（2）重点建筑物信息不仅包括一般建筑物所有的信息，还包括建筑物入口、地下室入口、楼层平面图、层高、建筑结构和安全出口等。

地理信息系统的数据源多种多样，从总体上分为图形图像数据和文字数据两大类。警用地理信息数据包括基础地理信息数据和警务专题数据两类，这两类数据既有图形图像数据也有属性数据，这些数据的采集应由设计人员按一定格式和统一标准获取。

2.2.3 采集方法

随着数字化设备和技术的提高，空间数据从采集形式上可以概括为非数字化数据和数字化数据，警用空间数据的采集要首先从当地测绘或者国土部门获取相应的基础地理信息。如果基础地理数据不是数字化数据要进行矢量化，按照警用地理信息的组织原则进行校正，此项工作由市局负责。警用业务专题空间数据的采集由各个分局和派出所等具体业务单位以基础空间数据为底图制作。警用地理信息空间数据的采集流程如图 2-3 所示。

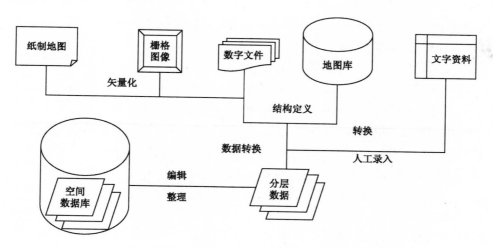

图 2-3 警用地理信息空间数据的采集流程

警用地理信息的属性数据采集旨在收集并整理基础地理信息属性数据和各种与警用相关的调查报告、文件、统计数据、实验数据，以及野外调研的原始记录等信息，这部分数据需根据系统的功能来确定哪些类型的数据是系统所必须的。对于采集的各种属性数据，包括电子和非电子属性数据要按照系统的设计分类妥善保存，以便属性数据制作的顺利进行。

数据采集是系统产生误差的一个重要环节,采集时除了参照数据质量控制中关于数字化过程中数据质量控制的要求外,还应该注意以下问题:

(1) 尽量使用最新的数据;

(2) 应该尽可能采用同一比例尺的底图;

(3) 在数据的精度和代价之间做出合理的选择;

(4) 野外调研时尽量减少测量时的位置误差、内容误差和采集数据时因环境的差异造成的误差。

2.3　警用地理信息的组织

2.3.1　基于文件的组织方式

基于文件方式组织数据的一般方法是将 GIS 空间数据按照一定的规则划分为多个文件分别存储在计算机的硬盘中,由应用程序建立这些文件之间的逻辑联系以便于调用,这种方式组织空间数据的模式在地理信息系统的发展中发挥了重要作用。随着计算机技术、网络技术和数据库技术的发展,越来越多的信息系统都在网络上运行,要查询这些 GIS 数据就要实现文件共享。由于文件的安全性不容易控制,而且效率较低,所以容易引起共享冲突,难以满足网络环境下的应用系统的需要;同时这种基于分幅思想的 GIS 空间数据组织方式具有地理实体完整性难以保证、无法实现数据的分布式管理、不利于数据的共享及安全控制等弱点,从而也难以满足多源且多尺度的空间数据组织和管理。

组织矢量空间数据一般是将研究范围划分成若干个区域,在区域的基础上再分层,形成工程的一个区域一层的结构。在实际建库过程中为便于数据采集、处理和更新,以图幅为单位保存数据,在图幅内再分层。每一个要素或每一类要素赋予一个唯一编码,相关的属性数据则采用关系数据库管理。在关系数据库中也需要为每一条记录赋予一个唯一编码,空间要素与属性记录之间采用这个唯一的编码连接,以实现图形和属性数据之间的相互查询并建立适当的地图索引。

组织影像数据与基于文件方式的矢量空间数据组织方法类似,也采用工程的一个区域一层的方法来组织数据。在实际建库过程中由于遥感影像数据量大,所以也以图幅为单位保存数据。与矢量数据不同,遥感影像本身无法保存属性信息。它与数据库的关联通常采用遥感影像的文件名与数据库中对应的属性数据连接,建立元数据库,遥感影像的数据查询一般通过元数据或数据库中的属性数据实现。

2.3.2　基于数据库的组织方式

由于 GIS 采用文件分幅方式建立大型空间数据库存在很多不足,而数据库技术在管理数据方面具有成熟的经验,如海量数据管理、客户端/服务器体系结构、多用户的并发访问控制、严格的数据访问权限管理及完善的数据备份机制等，因此将空间数据与属性数据集成在商用大型数据库中管理是目前 GIS 发展的主流。

在数据库中进行组织和集成空间数据与文件方式有较大不同，由于数据库系统具有两级映射和三级变换功能，能够存储和管理大量的数据，所以使得建立真正意义上的无缝的空间数据库成为可能。

数据库中的数据一般按照分层方法组织，即将空间数据在垂直方向上按照类别划分成若干层。每一层存储为数据库中的一个数据表，层中的每一个要素存储为数据库中的一条或多条记录。由于数据库可以管理很大数据盆的数据表，因此可以将整个研究区域的空间数据划分为若干层，并实现无缝的空间数据库。由于传统的 GIS 在数据结构中显式地保存空间数据的拓扑结构，使得空间数据之间的关联性非常强。而数据库中的数据存储是结构化的数据，因此在数据库中采用非显式地表示拓扑关系数据结构存储空间数据。

影像数据主要利用关系数据库管理，基本原理是将影像数据存储在二进制变长字段中，并且建立适当的索引，然后通过数据库提供的接口访问。数据库管理主要有两种模式：一是基于面向对象技术扩展关系数据库的功能，即基于扩展的面向对象关系数据库管理遥感影像数据；二是基于中间件技术，即将遥感影像分解为关系数据表，从而实现对遥感影像的管理。

2.3.3　大范围警用地理信息的组织方法

警用地理信息系统中应用最多的空间数据是城市基础地理信息数据，城市都具有较大的地理空间范围，少则几十平方公里，多则成千上万平方公里。这样一个大范围的数据建库如何组织，并且如何与公安业务数据相结合是一个非常重要的技术和策略问题。通常基础地理数据组织方法如下。

1）分幅组织

该方法指根据空间位置将地理空间划分为不同的图幅，一般按照一定的间隔（如经纬度和格网等）水平地将地理空间划分为多个图幅。根据分幅方法为图幅赋予一个唯一的编号且有一定的规则。分幅编号的基本方法是行列号，即根据分幅的地理范围将分幅的行号和列号组成一个号码，保证其唯一，文件存储时用此编号命名文件或文件夹。这种方法对于以文件形式存储数据的 GIS 系统非常重要并获得了广泛的应用，这是因为在文件方式下 GIS 系统对数据的管理以文件为单位，即系统处理数据时将整幅图形数据调入内存处理，利用分幅可以将数据量大的空间数据分为若干个小的数据，便于处理。我国目前基础地形图数据的生产也是采用这种模式，但是这种数据组织方法也存在其固有的缺点，即采用人为的方法将本来是连续的地理空间对象划分为多个图幅，造成地物的完整性得不到保证；同时在系统调用数据进行全库漫游时，需要根据图幅范围确定需要调入内存的图幅，并且及时从内存中删除不需要的图幅数据，从而增加了应用系统的开发难度。

2）分区域组织

分区域组织一般根据一定范围（如行政区）将整个数据建库区域划分为若干个小区域，在小区域内组织数据。这种方法与分幅存储有一定的相同之处，都是在水平方向划分建库区域，其范围比图幅方式大，能够保证地物在该区域内的完整性，但是数据更新比较麻烦。

3）分要素组织

这种划分考虑了各种地理要素的不同空间和属性特征，如将地理空间划分为房屋、道路、水系、构筑物及植被等类别。根据研究的需要将其抽象为 GIS 中的点、线和面等数据类型，分别存储在不同的数据层中，并建立相应的地物属性。这种数据组织方法具有简单且明确的特点，非常适合采用数据库管理空间数据。因为数据库具有海量数据存储的优点，每个要素层存储在数据库中时转换为数据库中的一个数据表，每个空间要素则转换为数据库中的一条记录。在应用系统开发时，可根据需要添加显示相应的要素层；同时空间数据库管理系统能够根据应用系统的显示范围提取相应的数据，提高系统显示速度。这种数据组织方法的缺点是数据的更新维护比较麻烦，因为目前数据的生产均以图幅为单位。

4）混合的数据组织

分幅组织和分区域组织的方法都是在水平方向上将研究区域划分为不同的块，然后组织数据；分要素组织方法是在垂直方向上划分地理空间。在数字城市空间数据基础设施数据库建设过程中以上几种数据组织方法往往是混合使用，以充分发挥不同数据组织方法的优势，可采取的组织方法如下：

（1）分类—分区（分幅）—分层，即在数据库中建立空间要素的逻辑关系，将空间分成区，然后在区内分层。

（2）分类—分层—分区（分幅）方法，在数据库中建立空间要素的逻辑关系，将每一类数据分为不同的层，然后将层划分为不同的区域。

（3）分区（分幅）—分类—分层，将空间划分为区，然后分类并分层。

2.3.4 多源数据的组织方法

警用地理信息的来源很广泛，包括纸质形式的地形图和航空遥感影像等，这些多源数据构成了丰富的警用地理信息数据库。为有效利用现有数据，目前组织多源数据的常用方法是分类组织。即将各种不同来源的数据根据其类别组织，如城市空间基础数据可以按照 1:500、1:1000、1:2000、1:10000、航空遥感影像及 DEM 等数据类别组织，将每一类数据作为一个数据集。

2.3.5 多尺度数据的组织方法

城市空间数据具有多比例尺特性，在城市建设中为满足不同的需要，城市测绘部门一般要生产 1:500、1:2000、1:10000、1:50000 等系列比例尺地形图，以及不同分辨率的航空和卫星遥感影像等。组织这些多尺度的空间数据主要有 3 种方法。

（1）建立同一数据库的多个比例尺版本，如 1:500、1:2000 和 1:10000 等数据库各自建立一套数据库版本，我国国家测绘局已经采用这种方法建立了全国 1:1000000、1:500000、1:250000 和 1:50000 等多种比例尺的基础地理数据库。这种方法的优点是数据结构简单，易于实施；缺点是投于经费大，生产周期长，且各数据库之间同一地理对象之间没有联系，每一个版本的数据库需要分别维护，工作量很大。

（2）针对方法（1）中的缺点，开发更好的层次数据结构来支持空间数据的多级表达，包括运用面向对象方法和语义数据模型等技术。采用建立所有地物坐标点的详细三角形来表达地面，并允许包括移位和融合等操作的综合运算。这种方法着眼于用同一数据库表达同一地物的多层次的比例尺版本，并建立内在联系，试图解决不同比例尺数据版本之间的更新和维护问题。这种数据结构理论上可分为任意层次，但是实际上仍然存在于有限的离散比例尺层次上。

（3）通过自动地图综合的方法来自动生成同一数据库的多个版本，这种方法最具挑战性。目前主要集中在算法理论研究、模型和概念框架的设计、专家系统的应用及制图特征的建模等几个方向，实现的难度很大。

将地图综合功能或多比例尺表达与处理功能集成到 GIS 中有利于有效地从空间数据库中产生出多种专题及多种比例尺的可视表达和空间信息产品，建立一种无比例尺（Scale Independent）的空间数据库，多称为"多比例尺数据库"。为此只需建立和维护一个空间数据库提供多比例尺 GIS 表达和分析使用，并且有望成为可能。目前许多学者采用四分三角网、知识推理、分形和数学形态学等方法对地图综合进行深入的研究，但是仍没有关于地图综合的自动化问题的明朗解决方案。

在警用地理信息系统建设中要根据现状数据的情况及《城市警用地理信息系统建设规范》中对警用地理信息数据的精度要求，选择精度符合标准、数据获取及采集成本符合预算的数据，一般城区可采用 1:500、1:1000、1:2000 和 1:5000 的比例尺，城郊则可采用 1:5000、1:10000 和 1:50000 的比例尺。

2.4 警用地理信息的加工和处理

对数据进行加工处理是建立警用地理空间数据库的基础，其总体的技术流程如图 2-4 所示。

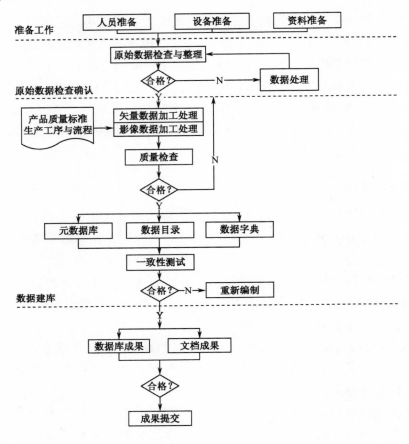

图 2-4　警用地理空间数据加工技术流程

其中的主要工作包括处理前数据准备、原始数据的检查确认、加工整理、数据库的建设和成果整理等几个部分。

2.4.1 准备工作

准备工作主要是针对数据加工需要的一系列条件进行准备，包括人员、软件、硬件和基础资料等。

1）人员准备

（1）项目管理人员：负责制订项目实施计划、项目进度计划及项目推动。

（2）作业技术人员：负责制订加工整理技术方案，包括数据质量标准和数据质量计划，并且编写加工整理的生产工序及流程。

（3）测试技术人员：负责制订测试计划，编写测试用例和测试报告。

（4）质量保障人员：负责编制数据加工整理各阶段的质量检查方案，包括具体数据的检查细则和评价确认成果。

（5）作业人员：通过加工整理技术培训，负责加工整理的具体实施。

（6）测试人员：负责测试工作的具体实施。

2）软硬件环境准备

准备数据处理所需的软硬件设备，硬件如 PC 或图像工作站；软件如操作系统（如 Windows XP）和专业数据处理软件（如遥感图像处理软件 Titan Image）等。通常对专业处理软件要求较高，需要满足加工整理质量要求并且具备稳定性和兼容性高的特点。

3）资料准备

为数据处理提供一系列数据、模型基础图件、文档及其他辅助资料，如按专题或类型整理的原始数据和数据加工整理技术方案等。

2.4.2　原始数据检查确认

原始数据检查确认包括如下方面。

1）检查目标与要求

为了避免历史数据存储管理和数据本身产生的数据质量误差，在数据加工整理之前应检查与分析源数据的质量。为数据库加工整理提供质量保证和参考依据，并进一步保障警用 GIS 应用平台的顺利实施。

对于不符合公安行业警用地理信息系统规范要求的给予及时修正或补充，如图形错误、属性缺漏和资料不全等。

对于符合公安行业规范，但与各委办局加工整理数据质量标准不一致的进行分析记录，如数学基础不一致、属性内容编码不一致和涉密等级不一致等。

2）检查原始数据

针对矢量数据、图像数据和统计型数据 3 种不同的原始数据形式，允许，但不限于采用手工或人机交互的方式检查数据质量，鼓励借助质检软件自动检查。具体检查内容如表 2-3 所示。

表 2-3　具体检查内容

原始数据类型	质量元素	检查项	描述	检查要求
矢量数据	基本检查	完整性检查	检查矢量数据是否有缺漏	及时修补
		数学基础检查	检查采用的平面坐标系统、投影方式和高程系统是否存在且符合标准要求	分析记录

原始数据类型	质量元素	检 查 项	描 述	检查要求
矢量数据	属性检查	结构检查	检查要素类中属性字段的名称、类型、长度和小数位数等	分析记录
		空值检查	检查属性字段的值是否为空或无效	及时修补
		有效性检查	检查属性值是否可被利用或派生	分析记录
	图形检查	结构检查	检查各要素类的名称、内容、显示风格和几何类型等	分析记录
		空间关系检查	检查各要素的空间相互关系，是否存在自相交、打折、重叠、悬挂和伪节点等状况	及时修补
		拓扑检查	检查要素类内部拓扑关系是否正确	及时修补
图像数据	基本检查	完整性检查	检查图像数据是否有缺漏	及时修补
		图像质量检查	检查图像是否清晰	及时修补

3）检查结果确认

各委办局根据检查项列表内容分数据类和分级别记录检查结果，形成《原始数据质量检测记录》。根据检查要求的不同类别，对"及时修补"项参照原始资料进行信息补充和错误处理，并重新对照原始数据检查项列表逐条检查，待错误全部修正后进入数据加工整理实施阶段；同时以"分析记录"项结果作为参考资料制订下一步数据整合处理的生产工序与操作流程。

2.4.3　加工整理处理

城市地理信息具有数据量大和数据结构复杂等特点，数据呈多样性且数据之间没有统一的结构，不能进行数据交换及有效的数据共享。为了使这些数据能更好地满足各委办局和公众用户服务，需要对数据进行一定的标准化加工整理。在此提出矢量和图像数据的加工整理处理的一般流程和方法，各个加工整理单位应根据实际数据的特点由一般流程抽取出数据处理的必要环节形成加工整理方案，并且结合实际数据的具体情况确定切实可行和质量可控的加工整理内容。

2.4.4　矢量数据处理

在警用地理信息系统中矢量数据提供丰富的地理位置信息，并且警用地理信息系统中大量的警务空间分析均基于矢量数据实现，因此矢量数据的加工具有十分重要的作用。警用地理信息中的矢量数据加工流程与常规矢量数据加工类似，如图2-5所示。

1）信息提取

根据目标数据模型的要素内容要求，按空间范围或属性内容由源数据中提取相关的要素信息。

2）数据格式转换

将来源各异的数据转换为一致的数据处理格式，如统一转换为 Shape 格式。

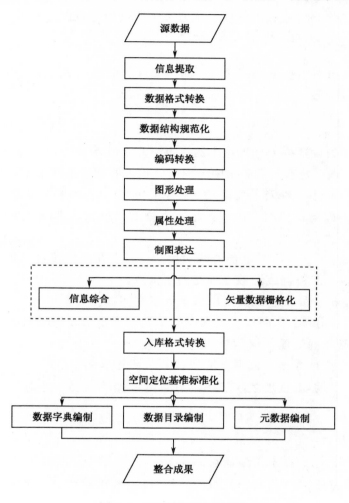

图 2-5　矢量数据加工流程

3）数据结构规范化

数据结构规范化是数据的存储、管理及在警用地理信息系统中有效应用的基本保障，主要工作如下。

（1）要素分层命名：将提取的数据整理和归并后重新分层组织要素，并依照数据模型规范要素层命名。

（2）数据结构转换：将整理的数据进行结构化处理，转换为与目标数据模型相一致。根据目标数据模型的设计增加或删除属性项，并且重新定义要素和要素属性项的名称，以及属性项的类型。

4）编码转换

依据数据采集或更新年份选取相应年份的《中华人民共和国行政区划代码》国标码规范行政区划代码，在加工整理技术方案中明确所选取的标准号。

5）实体编码编制

将数据中所有有效要素编码进行一致性转换，小类以下的根据编码规则扩充，要素编码必须保持一致。

6）图形处理

图形处理是矢量数据处理过程中的重要一步，其涉及的内容如下。

（1）错误处理：处理矢量数据中的图形错误，如悬挂线和未闭合的多边形等。通常的处理操作包括点、线及面等的增、删和改处理；对被图幅切割为多块的图元进行要素的几何的面向对象组合处理；依照数据质量要求，消除图形的几何错误和空间逻辑关系不一致等。

（2）图层信息补充：重新组合处理的数据可能存在图形信息不全、高程点稀少或缺失等情况，要参照数据或源数据补充图层信息。

（3）拓扑重构：处理重组数据，重新构建空间拓扑关系。

（4）数据拼接分割：依照最新的国家基本比例尺地形图分幅与编号规范对标准分幅图进行拼接或分割处理；依照数据采集时采取的行政区划编码，根据项目需求按行政单元拼接或分割数据。或根据应用需要依照相关的行业标准的拼接或分割处理图幅，以满足数据加工整理全区域图或重点区域图的需要，并对拼接后的数据进行几何和属性接边处理。

7）属性处理

处理矢量数据的属性表，主要包括如下方面。

（1）量纲一致性：对重组数据不同要素层的量纲根据项目应用需求进行转换或归一化处理。

（2）属性一致性：对存在逻辑关系的属性项进行关联处理，保证属性的一致性。

（3）属性信息补充：由于数据结构转换可能存在某些新增属性项没有原始内容等情况，所以要依照参考数据和源数据补充信息或者通过属性项之间的模型分析及统计运算得到。

8）信息综合

信息综合是一种高层次的数据处理操作，某一个库中存在因数据抽取造成的数据比例尺不一致时，需要转换整合要素的比例尺。根据应用需求将不一致的大比例尺数据进行概括综合，通过缩编技术转换为满足项目需求比例尺的数据，该步处理需根据数据情况进行选择性处理。

9）矢量数据栅格化处理

通常为了表达单位地理范围（如1平方公里）内的属性特征，需要对矢量数据进行栅格化处理，这一处理过程需要运用 GIS 的矢量—栅格数据转换功能。

10）入库格式转换

通常不同的数据库平台和空间数据引擎对数据入库的格式有不同要求，因此在数据处理完成之后需要依据项目约定的数据格式要求转换相应的数据格式，以方便数据入库。

11）空间定位基准标准化

空间定位基准是将数据转换为统一的空间参考体系和标准化的时间模式，以便于统一管理和分析。

2.4.5 遥感图像数据处理

遥感图像的加工整理包括将遥感图像数据加工处理为指定格式并规范命名的标准图像产品（其中包括图像元数据的提取整合），使其具有多分辨率、产品多级多类及时效性强等特点。加工整理的工作量与改造产品级别、数据本身的质量及专题数据库的要求有关，其加工流程如图 2-6 所示。

1）数据准备

首先把数据从软件不能直接访问的介质中导入到硬盘等图像处理软件可以直接访问的介质上，这样便于后期的图像处理工作；其次按照各业务系统自己制订的文件命名规范重新命名遥感数据文件，方便以后文件的组织管理和建立数据字典等操作。

2）格式转换

各业务系统数据复杂，格式多样，改造过程中需要统一格式。遥感数据采用图像文件的 GeoTiff 格式，然而由于该格式不能保存所有改造过程中所需的遥感信息，所以需要将其他必须的遥感图像信息使用 xml 格式的辅助文件保存，用于后期建立数据字典。

3）图像预处理

图像数据在改造之前，根据业务可能需要进行一些前期的预处理，如去云处理和去条带噪声处理等。

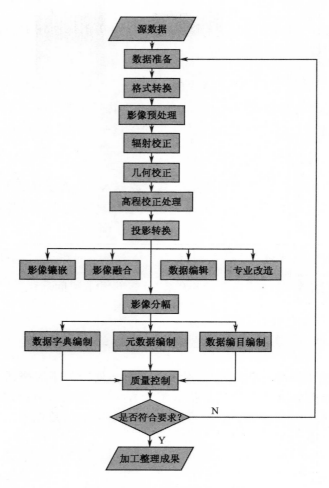

图 2-6 遥感数据的加工流程

4）辐射校正

辐射校正旨在消除大气等对影像辐射质量的影响,根据数据自身情况及专题产品库的要求在必要情况下对具有畸变的遥感图像进行辐射校正,以消除辐射量失真。

5）几何校正

几何校正是确保影像精确定位的保障,处理操作包括系统几何校正(根据卫星轨道参数校正影像和几何精校正处理,以及根据 DEM 和地面控制点对影像进行更精确的校正)。根据数据自身情况及专题产品库的要求,还可对具有畸变的遥感图像进行更确切校正,以消除几何畸变。

6）高程校正处理

根据数据自身情况及专题产品库的要求,在必要情况下采用地面控制点和数字高程模型修正几何校正模型,进一步消除高程的影响。

7）坐标系转换

为统一数据坐标系统，需要将遥感数据进行投影转换。如我国目前常用的坐标系包括 2 000 国家大地坐标系、西安 80 坐标系和北京 54 坐标系，国际上常用的有 WGS84 坐标系等。

8）图像镶嵌

图像镶嵌旨在将多幅影像拼接为一整幅大的影像，通常应根据警用地理信息系统建设需求对影像数据进行镶嵌处理。在完成镶嵌后为保证整幅影像具有相同的色调，需要进行匀光和匀色等处理。

9）图像融合

图像融合是影像数据处理中的一个主要操作，通过合适的融合操作能大大增强影像的光谱信息和纹理信息，从而提高影像的信息量。通常根据数据自身情况及警用地理信息系统建设的要求，通过一个影像融合算法（如 IHS）将来自不同传感器的多分辨率的图像集综合到一组图像集中，以提高图像判读的可靠性和图像的解译能力。

10）编辑

为了满足产品生产的质量要求，需要对图像数据进行一定的编辑工作，包括匀色、滤波和增强等。通过编辑操作提高图像数据的质量，能够更好地为其他应用服务。

11）遥感图像数据的专业化改造

针对多光谱、高分辨率、气象卫星 MODIS 及海洋卫星等遥感数据需要进行特殊的专业化改造，这些改造工作具有很强的专业性，需要根据具体数据情况处理。

12）图像分幅

主要分为国家标准分幅和行政区划分幅。

13）数据字典

在数据库建库过程中需要建立数据字典，在采集原始数据过程中提取出相关数据建立成数据字典，以方便用户以后检索数据。

14）要素编目

要素编目定义了要素的类型、操作、属性和地理数据中的关系，通过提供数据内容和语义的更多信息促进了海量地理数据的管理、共享和使用。

15）建立元数据库

建立元数据库旨在描述数据内容、质量、条件和其他特征的数据，元数据的描述对象可以分为数据库、数据集系列、数据集、数据要素、要素实体及属性实体等。

2.5　检查数据成果的质量

2.5.1　检查矢量数据的质量

根据矢量数据的实际情况采用自动批量或人机交互的方法进行检查，对能够通过数据分析并提炼出一般检查规则的检查项进行自动批量检查；对于数据不确定性较强和规律不易把握的检查内容进行人机交互式的检查，并记录结果，检查内容及要求如表2-4所示。

表 2-4　矢量数据的检查内容及要求

质量量化元素	质量量化子元素	检查要求
完整性	要素多余	数据集中是否包括多余的数据
	要素遗漏	数据集中是否缺少应该包含的数据
位置精度	绝对或外部准确度	数据中的坐标值与可接受值或真值的接近程度
	相对或内部准确度	数据集中要素的相对位置与各自可接受或真实相对位置的接近程度
	格网数据位置准确度	格网数据位置值与可接受值或真值的接近程度
时间准确度	时间度量准确度	一个检验单元时间参照的正确性（记录时间度量误差）
	时间一致性	有序事件或顺序的正确性
	时间有效性	与时间有关数据的有效性
分类正确性	分类正确性	赋予要素或其属性的类型与论域，如要素分类编码和行政区划代码的正确性及一致性
	量化属性准确度	量化属性的准确度
	非量化属性正确性	非量化属性的正确性
元数据检查	元数据结构规范性检查	元数据结构完整性和正确性
	内容一致性检查	元数据的内容要与数据字典及要素编目数据目录的内容保持一致，符合一致性测试的要求

2.5.2　检查遥感图像数据的质量

在遥感图像数据入库之前检查质量，保证入库数据满足要求，检查内容及要求如表2-5所示。

表 2-5　遥感图像数据检查的内容及要求

质量量化元素	质量量化子元素	检查要求
数据规范性	数据命名	数据命名要符合命名规范，名称中包含必要的信息
	数据格式	数据格式符合项目规定（GeoTiff），辅助信息文件为 xml 格式
	数据组织	数据的组织结构及层级关系符合实用规范

质量量化元素	质量量化子元素	检查要求
数据完整性	图像数据	图像数据本身是完整的，能够用于显示及处理等操作
	空间信息	图像数据的空间信息是完整的，GeoTiff 格式支持的各种信息存在并有效
	辅助数据	辅助数据文件包含必须的图像信息，如 GeoTiff 格式不支持，但是后面数据处理和发布需要的信息
	分幅	检查是否存在某些幅缺失的情况
数据一致性	数据格式	同一数据是否格式统一，对于分块存储的 GeoTiff 是否具有相同的分块大小及像素组织方式
	时态	根据数据的要求，必要时检查数据是否为同一时态，即在相同或者接近的时间内成像
	分幅	对于分幅数据应确认所有数据的空间信息与分幅规范一致，在数据较多时可以采用抽样方式检查
	图像数据属性	同一图像数据的属性一致，包括通道数目，分辨率及传感器等
	数据来源	根据数据的要求，必要时检查数据是否具有相同来源，如均为 Landsat5/7 数据
	数据描述	数据描述可能包括空间位置、时间及目的等信息，数据自身的内容必须与描述保持一致
几何质量	绝对点位精度	将图像点换算为地面坐标后与该点的地面真实位置之间的误差
	相对点位精度	以图像的已知点（已知坐标值）为基准，所量算的像点平面精度和误差值
	几何分辨率	图像的真实分辨率，将已知地物在图像上的尺寸换算为地面尺寸。然后与该地物的实际尺寸对照，确定图像的分辨率
图像质量	清晰度	按照数据要求，必要时计算图像的平均梯度值，该值能反映图像对微小细节反差表达的能力
	峰值信噪比	图像的峰值信噪比（SNR）在图像传输和压缩过程的质量评价中占有重要地位，在必要时计算该值以从一个方面反映图像质量
	信息熵	根据数据要求，检查图像的信息熵以确定图像信息量
	云量	使用自动（阈值分割）/人工方式统计云量以确定图像的质量
元数据	元数据结构规范性	元数据的组织结构和元数据名称必须与元数据规范相一致
	内容一致性	元数据的内容要与元数据规范中的内容保持一致，信息要符合数据自身的真实情况
产品规范	遥感图像标准产品	产品数据必须符合公安行业警用地理信息系统相关标准中定义的质量要求
	信息产品	检查数据是否符合项目中关于分幅或标准化产品的相关要求

第3章　警用地理空间数据的集成与可视化

所谓"工欲善其事，必先利其器"，地理信息作为警用地理信息系统中的基础支撑信息平台，其基础数据建设的缺与全、杂与专，以及简与繁等方面的尺度就必须把握恰当；否则可能造成需要的数据没有建设或建设深度不够，以及非关键性的数据建设过度。从而导致地理信息和综合指挥系统，乃至整个警用地理信息系统无法发挥实战效果或根本无法满足专业使用需要，因此警用地理空间数据库的建设在整个公安警务地理信息系统应用中具有举足轻重的作用。

3.1　警用地理空间数据库的逻辑框架

在公安警务工作中不仅需要大量的地理信息作为支撑，还涉及大量的非空间信息，并且需要在二者之间建立关联。警用地理空间数据库是集成空间和非空间数据的有效方法，是警用地理信息系统的核心和基础。它把警用信息系统中大量的空间数据与非空间数据按一定的模型组织起来，提供存储、维护和检索数据的功能，使信息系统可以方便、及时并准确地从数据库中获得所需的信息。数据库是信息系统的各个部分能否紧密地结合在一起并且如何结合的关键所在，因此数据库设计是信息系统开发和建设的重要组成部分。从逻辑上我们可以把数据库划分为以下几个部分。

（1）基础地理信息数据库：其中电子地图数据库包括居民地、道路、水系、植被、地质地、独立物、房屋和重点单位，影像数据库包括基层执法单位责任区域、机构设施、门牌信息和视频监控点等。

（2）公安业务数据库：包括案件数据库、警力部署数据库、消防数据库和城市应急资源数据库等。

（3）外部关联数据库：为保障系统与其他城市化管理数据库的数据交换与共享，在组织数据库的逻辑结构时需考虑外部接口，目前面向城市的警用地理信息系统建设大多依赖统一的地理编码与地理信息共享交换平台来实现与外部数据库（如数字化城市管理数据库）的关联。在警用地理信息系统数据库中外部关联数据库可以是一个虚拟的逻辑库，一旦需要外部关联或数据交换则管理数据。

警用地理空间数据库的逻辑框架如图 3-1 所示。

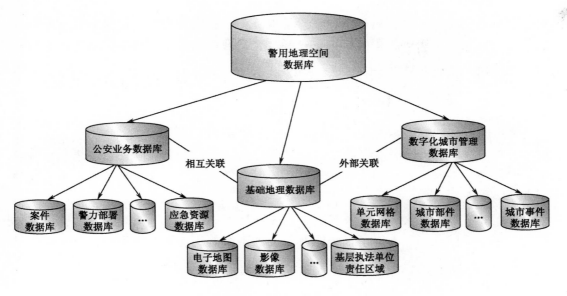

图 3-1　警用地理空间数据库的逻辑框架

3.2　数据库构建原则

为实现公安警务工作所需的数据的充分共享,满足空间数据和工程项目数据的产生、管理与服务要求,通过一系列构建原则确保前台应用程序跨模块及跨子系统的综合分析和数据交互访问等功能实现。

3.2.1　开放性原则

开放性原则主要是指数据库构建过程中应遵循一些已经公开并广受认可的开放标准等。

开放标准指那些知识产权明确属于公共领域、采用开放语言和标准格式描述,并且有可靠的公共登记和持续的维护机制、可靠的开放转换和扩展机制、公开发布的详细技术文件,以及可公共获取的标准规范,如公安部颁布的关于警用地理信息系统建设的一系列标准规范。这样一则可以避免重新编制已经存在的标准带来的重复劳动;二则能够保证比较高的标准水平,有效降低建设风险。

积极采用国际标准是开放性的一个重要表现,国际标准是国际标准化组织组织世界各国专家参与制订的标准。其中包括大量科技成果和成熟的管理经验,代表当代科学技术和生产管理的先进水平。国际标准优先的原则也是我国标准化工作倡导的主要原则,尽量采用国际标准和国际范围内通用的行业标准或者先进国家的国家标准,并根据本地需求按照国际标准的逻辑框架定制和扩展本地标准。对于系统数据库这类以资源管理为主的项目,尤其应当注意与国际有关信息资源管理标准的接轨,为扩大信息资源的共享利用范围提供标准保障。就我国警用地理信息系统开发实际情况而言，大量采用有关国家标准也是标准体系开放性的重要体现，如行政区划代码等相关标准只需要直接引用即可。

3.2.2 安全性原则

警用地理信息系统各应用子系统除了在公安系统内部实现一定的安全机制外，还要与内部相关系统、外部系统及 Internet 交换大量信息。这样缺少安全考虑的系统可能会对系统的安全性构成很大的威胁，因此系统需要在保证安全性基础上来实现整个系统的安全管理。

（1）把应用安全放在信息系统安全的大框架下，采用统一的认证、授权和审计机制，制订不同层间、不同子系统间及与外部系统的边界间安全策略，并保证其贯彻实施。

（2）各应用子系统的设计要考虑各种数据入口的一致性，手工录入、网上采集、批量录入和外部数据的导入均应提供数据的一致性检查功能。确保非法数据不能进入数据库中，并且录入的数据都是合法的。

（3）实现端点验证、唯一序列编号，以及信息安全加密和检测机制。

（4）实现基于安全域的管理机制。

（5）实现错误和欺诈的侦测。

3.2.3 可管理性原则

警用地理信息系统涉及的应用内容很多，根据业务的发展和信息化建设的深入，还有扩展的需要，因此警用地理空间数据库系统应该在统一管理和监控下协调运行。系统的监控管理功能不仅要体现在网络、主机、系统软件和中间件的层面上，还要包括应用软件。例如，要记录应用软件的运行状态、数据的质量，以及预警、预报和业务操作的监控等；同时在出现问题的情况下，系统的所有服务应具备快速的自我更新和自我修复的能力。

3.2.4 可维护性原则

为保证警用地理空间数据库的有效性，需要开展持续的数据库维护工作。标准在大多数情况下只是某一时期技术水准、管理水平和经验的反映，具有一定的先进性。但随着各方面情况的发展，应用对象、需求的变化，以及技术或者管理水平的提升都要求修改并完善数据库，这就要求对数据库的可维护性有很好的支持。

3.3 数据集成

3.3.1 概述

由于警务工作的特殊性，所以产生了大量与时间有关的时空数据，如车辆运行数据和人口户籍数据等。通过动态可视化的手段表达这些时空数据，既可有效地帮助警务人员及时查看报警历史信息，又可通过对历史案件的统计分析获得案件多发地带和时段等信息。从而对各种可能发生的案件进行预测，并做好防范准备工作。警用地理空间数据主要包括以下几类。

1）基础地理时空数据

基础地理时空数据主要是指公安部门所管辖范围的相关地图数据，如行政区域、居民点、水系、城市绿地、管线、交通及警力信息等，这些以图层方式分类管理的基础地理时空数据主要用于地图显示和时空分析。

近年来，城市规模随着社会经济的发展而不断扩大，城市中不断涌现出各类新型开发区、商业步行街、新楼房及新道路等，此类数据也随之不断增加。通过可视化这些现势数据和历史数据，有助于分析城市发展的状况及其与犯罪情况变化之间的内在规律；同时当查看历史案件或历史人口信息时还可以再现当时的地图，以作为统计和分析的底图。

2）户籍人口变化数据

户籍人口变化数据主要包括常住和流动人口数据两类，人口的流动、户主的更改，以及人的出生与死亡等变化都将导致户籍人口数据的变化，保存这些变化的户籍人口数据并可视化对警务工作十分有用。例如，显示案发时刻在作案现场周围一定范围内的户籍人口信息，可以帮助警务人员缩小排查范围，有助于案件的破获；此外，对城市各管辖区域内的常住和流动人口总数随时间的变化进行动态可视化可从中发现人口的变化规律，并且还可以与经济增长状况同时显示来分析人口增长对城市经济增长的影响。

3）车辆管理数据

车辆管理数据包括车辆的属性数据及警用车辆的行驶数据，前者指车辆自身的相关信息数据，包括车牌号、车型、颜色、使用年限及车主信息等；后者主要包括警用车辆的 GPS 实时定位数据、行驶轨迹数据和路线导航数据等。通过对车辆属性数据的管理可以迅速获得相关车辆的车主信息，并且对车辆行驶数据的管理及动态可视化可以帮助警务人员实时获取警用车辆的位置并对其进行指挥调度，也可以回放车辆的行驶轨迹。

4）110 报警数据

110 报警数据指通过电话或其他方式向 110 报警的各种警情数据，从警情处理的进度来看，警情数据可以分为未处理和已处理两类；从警情的类型来看，可以分为刑事类和非刑事类等，继续细分还可以分为入室盗窃类、盗窃机动车类、扒窃类和诈骗类等。通过对不同地域和不同时期 110 报警数据统计分析，可以得出警情多发地域及警情多发时段等信息；同时还可以得出犯罪的变化趋势，为指挥部门提供辅助决策的依据。

5）历史案件数据

历史案件数据主要指已解决的各种重大案件的相关数据，包括案发现场情况、警力部署情况、应急设备分布、案件处置的步骤和措施，以及案件的破获过程和后期的处理等数据。可视化这类时空数据是现场回放整个历史案件，即在案发时刻的电子地图上动态模拟整个案件及其破获过程。从而帮助警务人员了解这些历史案件的整个过程，并从中获取经验教训。

6）预案推演数据

预案推演数据指针对特定的紧急事件并根据预定方案部署警力的数据，通过动态可视化预案推演数据可以直观地反映警力部署及态势变化情况。

7）其他相关数据

其他数据如多媒体监控数据、人员管理数据和在逃人员数据等。

3.3.2 数据组织与管理

在警用 GIS 中首先要建立一个合适的时空数据模型以有效地组织和管理时空数据，这是实现时空数据可视化的重要前提，一个合理的时空数据模型应该考虑节省存储空间、加快存取速度及准确地表达时空信息等因素。

近年来，关于时空数据模型的研究成为时空 GIS 研究的热点，目前时空数据模型主要包括序列快照模型、基态修正模型、时空复合模型、时空立方体模型和面向对象的时空数据模型等。虽然这些时空数据模型在一定程度上可以存储时空数据，但是都存在一些不足。例如，序列快照模型简单容易理解，但是会产生大量的数据冗余。而且不能直接用于查询地理现象的变化，也无法显示两个快照之间的变化；基态修正模型只存储变化的数据，减少了数据存储量，但是处理大区域内的时空变化时效率比较低且管理索引变化困难；时空复合模型将空间变化和属性变化都映射为空间的变化，导致新实体的产生。它是序列快照模型和基态修正模型的折中模型，其最大的不足在于多边形碎化和对关系数据库的过分依赖；时空立方体模型形象直观地运用了时间维的几何特性，表现了空间实体是一个时空体的概念。对地理变化的描述简单明了，易于接受，但是该模型实现的困难在于三维立方体的表达；面向对象的时空数据模型以面向对象的基本思想来组织时空地理数据，在以该模型为基础的系统中能够不改变原有数据结构直接处理时态数据。但是由于其复杂性，所以效率比较低。

在警用 GIS 中为了便于时空数据的组织及存储，将面向对象的时空数据模型加以改进，采用 Oracle 数据库来管理时空数据。由于大部分功能操作和空间分析都是在当前状态时空数据基础上进行，而历史数据的操作只有在查看历史、历史统计或者时空分析时才会涉及，因此在警用 GIS 中设计时空数据库时采用现状数据库、历史数据库和版本数据库分别对管理时空数据。现状数据库主要用于存储最新状态的时空数据；历史数据库按照时间的顺序来存储各个对象变化的历史记录；版本数据库则存储对象的版本信息，即发生时空变化的时间信息。

在警用 GIS 的时空数据库中，数据类型包括空间对象数据、属性对象数据和对象版本数据。

1. 对象版本数据的组织结构

数据库中的每一个对象都存在一个唯一的对象标识，但可以有多个对象版本，每个版本对应一个对象发生事件的时间。当一个对象发生时空变化时，则为该对象创建一个信息的版本号，其对象标识号不变。对象版本主要用来表示数据库中存储的各个对象发生的时空变化的时间信息，统一由历史数据库中的对象版本信息表来管理。表的结构设计如下。

（1）对象标识：对应唯一的时空对象。

（2）对象版本号：表示一个时空对象的一种状态。

（3）事件时间：表示对象在现实世界中发生时空变化的时间。

（4）系统时间：表示对象版本更改时的数据库时间。

（5）变化特征：表示对象时空变化的特征，包括连续和不连续特征。

2. 空间对象数据的组织结构

空间对象数据指描述地理对象空间位置及其分布的时空数据，在警用 GIS 中这类数据主要包括基础地理数据、车辆行驶数据和预案推演数据等，主要侧重于记录对象空间位置的变化。例如，基础地理数据的组织结构如下。

（1）对象标识：对应唯一的一个基础地理对象。

（2）对象版本：表示基础地理对象的版本信息。

（3）要素编码：表示地理要素的类别，如居住地、草地、河流和湖泊等。

（4）图形特征码：指示目标的图形特征，如点、线和面。

（5）描述特征项：指示目标的宽度、高度、长度和其他参数等描述信息。

（6）坐标数据项：存储对象的坐标数据。

（7）地名数据项：指示目标地名特征及其相关信息。

3．属性对象数据的组织结构

属性对象数据指描述地理对象质量及数量特征的时空数据，在警用 GIS 中属性对象数据包括户籍人口数据、车辆属性数据、110 报警数据、人员管理数据和在逃人员数据等，这类数据主要侧重于记录对象属性特征的变化。例如，户籍人口信息的组织结构如下。

（1）人口对象标识：对应唯一的一个人口对象。

（2）对象版本：表示人口对象的版本信息。

（3）人员类型：包括常住人口和流动人口两种类型。

（4）家庭信息项：对应家庭表中的相关数据，其中主要存储人员的家庭住址和门牌号码等信息。

（5）个人信息项：表示人员对象的个人信息，如姓名、性别、民族、婚姻状况、职业和文化程度等。

在警用 GIS 中地理对象最新状态的数据存储于现状数据库中，当对象发生时空变化时首先将现状数据库中该对象的记录移动到历史数据库。并且更新现状库中该对象的相关数据，为其创建一个新的对象版本。然后将新的对象版本号及该对象发生时空变化的有效时间、事务时间和变化特征等数据保存到对象版本信息表中，从而存储地理对象的历史变化信息。

获取某一时刻对象信息可以通过现状数据库、历史数据库和对象版本数据库联合查询。

3.4　时空数据的动态可视化

警务工作中几乎所有环节都涉及时空变化，户籍信息的变更、新警情的接收、车主信息的变化、警用车辆位置的移动和预案的制订等都将产生大量时空数据。在警用 GIS 中采用恰当的方式可视化表达这些时空数据可以帮助警务人员直观有效地获取各种时空变化信息，并从中分析其变化规律，进一步达到预测其变化趋势的目的。

本节从户籍人口、警用车辆导航及调度、警情管理及统计分析，以及预案动态推演可视化等几个比较具有代表性的方面来说明警用 GIS 中的时空数据动态可视化表达的问题。

1．户籍人口可视化

户籍人口可视化包括人口信息查询和统计两个方面，户籍人口信息查询指按照一定条件，如某一时间段、某一区域内或者拥有某种特征的人查询，然后将其姓名、籍贯、性别、年龄、文化程度、家庭住址，甚至照片等基本信息在电子地图上以可视化方式进行表达的过程。

人口信息统计可视化指统计不同时期某一地区的人口总数或者不同类型之间的人口比例等信息，然后将统计结果按照时间顺序以动态方式对其进行可视化表达来反映人口统计信息的变化情况。

通过户籍人口数据的动态可视化，可以直观反映出人口信息的变动情况；同时还可与其他时空变化，如犯罪率变化和经济增长情况等对比分析出人口变化及其之间的内在关系，继而制订相应的警力部署方案。

这种时空变化属于面状地理对象属性特征中的数量特征的逐渐变化，可以通过注记内容、数量型点状符号尺寸或者面状符号亮度的变化来反映。由于亮度不能具体反映数值，因此系统中采用点状符号的外观变化来表示。符号的尺寸反映各地区人口总数的多少，随着时间的推移，逐渐改变符号尺寸来表示人口总数的变化。在动态可视化表达过程中可以通过交互手段暂停、播放、快进或快退地图动画等，并采用动态图例来反映时间信息。还可以控制动态显示效果和表达方式，如在圆形、方形和五角星等点状符号之间，以及符号表达与注记表达之间切换。

2．警用车辆导航及调度可视化

利用 GPS 定位各警用车辆，可以在系统的电子地图上实时显示其位置。当接到110 报警后，系统自动分析距离报警点最近的巡警位置，迅速查找一条最优行进路线。然后远程调度，指挥其前去处警。在处警过程中可实时显示警用车辆的当前位置及其相关的属性信息，如车辆的型号、车牌号、车主信息、所属单位、车上的人员个数及车辆的行驶速度等，处警结束后还可以回放车辆的行驶路线及处警的过程。

当发生车祸时，实时显示相关部门处警过程中对警用车辆的导航及调度过程。车辆行驶属于空间分布变化中的点状要素位置的逐渐移动，可以采用点状符号的位移来表示。车辆的行驶路线及导航路线可以通过线状符号的形变来表示，虚线表示系统为车辆行驶分析出的最优路线；实线为车辆实际行驶的轨迹。在行驶过程中警用车辆可以根据当时的道路堵塞情况改变行驶的路线，此时系统会根据当前的车辆位置自动寻找一条新的最优路线。

3．警情统计分析可视化

警情的统计分析统计不同区域、不同类别和不同时间段的报警信息，并从中分析警情的变化及其分布规律。例如，按照警情类型统计，可以分析不同类型警情发生的比率，按照报警时间段和发生地域统计可以分析警情多发时段和警情多发地域。通过对警情统计分析结果的动态可视化可以帮助警务人员对警情的分布及变化情况有全面直观的了解，从而对重点区域及重点时段加大警力部署，确保对警情发生地的处理。

市 110 接警中心动态显示一天内不同时段报警次数统计变化情况，警情统计信息的变化属于地理对象数量特征的变化，可以采用点状符号的尺寸或注记符号的内容变化来反映。由于研究的时间范围较小，不同时间段之间的变化属于突然变化，因此采用动态符号外观的突然变化来表示。用户可以通过时态图例设置时间段来查看此段时间内的警情统计信息，还可以设置一定的时间间隔动态地反映一天之内的变化情况。时间间隔设置越小，反映的变化越细腻，但是太小的时间段内的警情统计失去了分析的意义。

用户还可以通过选择警情的类型及表达方式的交互设置来实现不同类型的警情统计，并在不同的表达方式之间任意切换。从这个地图动画中，警务人员可以直观地分析出中午 12 点～15 点和晚上 18 点～21 点是警情的多发时段，应加强警力部署。

4．预案动态推演可视化

预案指公安部门针对各种重大警情制订的应对方案，当发生重大案件时可以通过预案快速部署警力并处理。预案动态推演可视化指将各种预案利用警用动态符号在图上标注，合理部署可能发生的突发事件，如群众疏散范围、疏散路线、追捕路线及卡点设置等，然后按照时间变化动态反映出警力分布及变化情况。

动态推演某个重大案件联合处警过程中存在的多种类型的时空变化是一个复杂的变化过程，可以采用多个图层分别管理不同时空变化过程。例如，在卡点图层上使用点状符号的位移来体现卡点位置的变化，在处警图层上采用线状符号的形变来表示处警的路线，在警力分布图层上警力集结地域的变化用面状符号的形变和位移来反映。在整个预案动态推演的过程中可以通过交互手段动态地显示或隐藏各类时空变化的图层，从而达到单独研究关注的时空变化的目的。通过设计时态图例，还可以对推演过程执行暂停、播放、快进及快退等操作。

另外，随着空间数据库和地图更新频率的加快及人们对动态现象发展规律的探索，地理信息可视化研究已经超越了传统的符号化及视觉变量表示法的水平。从而进入了向动态、时空变换和多维可交互的地图条件下探索视觉效果和提高视觉工具功能的阶段，即时空数据的可视化研究。

此外，时空数据的动态可视化显示可以通过各种交互的手段观察并动态分析被研究的空间对象。从直观形象的可视化表示中提取知识，从而获得空间问题的合理解决方案。时空数据的可视化是一种高级的时空数据分析行为，目的在于解释地理现象的时空过程与机理，并挖掘时空变化的特征和规律。它对正在发生的变化（实时数据）或已经发生的变化（历史数据）通过动画和动态符号等形式的可视化显示，揭示地理现象的时空演变规律，并分析其时空特征。时空数据动态可视化的最大特点是"变化"，即实时反映空间数据集的空间特征和属性随着时间变化的情况。

时空数据可视化在实现时需要重点注意以下问题。

（1）地图的视觉过程和动态感：地图的视觉感受过程分为察觉、辨别、识别和解释 4 个阶段，察觉是人眼对地图符号的搜索和发现的过程；辨别指地图阅读过程中辨别两个不同的符号获取地图上不同符号和图形含义的过程；解释是对地图内容的解释和理解。

地图感受过程以地图符号的视觉感受为基础，可以区分为差异性感受和相似性感受，地图符号的差异性和相似性主要通过视觉变量来表达。通过视觉变量的不同组合能够引起多种不同的视觉感受效果，包括整体感、等级感、数量感、质量感和立体感等，这些视觉感受能够满足传统地图显示的需要。而时空数据的可视化强调动态感，即目标的尺寸、亮度和颜色等属性的变化产生的运动视觉效果。这就需要重新组合视觉变量，并且引入时间变量的概念。

（2）地图视觉变量与时间变量：地图视觉变量是构成不同地图符号和传输不同视觉感受的基础，传统的制图变量主要有尺寸（size）、值（value）、纹理（texture）、颜色（color）、方向（orientation）、形状（shape）和位置（location）。这7个制图变量是空间数据可视化的基础，利用它们能够合理地表现出二维空间中地物的空间特征、属性及类别，二维空间中数据的可视化表达方法均基于以上变量中的一个或多个。在传统制图的静态地图制作中，这些变量的组合能够满足可视化显示的需求。但是当把对象置于时空维时需要扩层，即在空间尺度上扩展深度变量，在时间尺度上扩展时间变量，以扩充动态地图的表达能力。

时间变量包括持续时间（duration）、变化率（rate of change）、顺序（order）和频率（frequency）。

持续时间指动态显示每一帧的显示时间，通过控制持续时间可以把静态地图变为动画。在时间序列上每一个瞬间作为动画的一帧，一系列帧构成了场景（scene）或事件（event）。事件中帧的持续时间或单位时间帧的数量决定了动画的时间纹理，称为"步长"。在动态过程中，帧持续的时间越短所表达的场景变化过程就越光滑。

变化率是动态显示过程中相邻帧之间的变化量，可以是常量或变量。变化率大时，变化过程的表现的变化较为粗糙；变化率小时，变化过程显得较为光滑；变化率不固定时，可以形成对象运动速度快慢变化的视觉效果。

顺序指动态显示过程中各帧的播放次序，时间本身是有序的。动画中帧的顺序一般与时间顺序相对应的频率指单位时间内的显示帧数，频率与持续时间成反比。

在动态显示过程中，要将一般的视觉变量与时间变量合理地组合才能合理地表现出动态效果。例如，要表现目标的运动效果首先要使位置变量持续地发生变化，以表现其运动的过程；另外在帧的持续时间、变化率及频率等方面也要做出合理选择，以达到良好的显示效果。

（3）选择可视化变量：时空数据的可视化表现为地理背景与动态变化主体信息的叠加，地理背景信息是预处理存储表达的图层信息，为动态变化现象的表达提供定位支持，通过定位背景的关系表达解释现象发生的过程和原因。地理背景地图和专题变化信息是分开的，预先存储的是设计好的地理地图，在监控和显示变化时才接受动态变化信息的叠加；动态变化主体信息通过动态符号的设计来表现，由 GPS、红外探测仪和专业性传感器获得的位置及性质变化信息并不是按专业化数据形式直接显示在地图上，而是经过抽样、分类、性质分析及概括综合后由地图符号表达，通过符号参量来传递动态变化的性质、幅度及趋势等特征。根据这些变量的视觉属性，不同的数据需要通过不同的变量来表达。例如，与数量有关的可以通过尺寸大小来表达；属性数据可以通过值、颜色或纹理密度表达。在实际应用中，要根据具体情况考虑选择能够表现不同类型动态变化的可视化变量。

第4章 地理编码与地址匹配

4.1 地理编码概述

人类生活在地球上，80%以上的信息与地球上的空间位置有关。在日常的生产与生活中人们常用"地址"来表达某个空间实体所在的位置，如"北京市海淀区海泰大厦"。由于地址的表达接近于自然语言的表达习惯，所以地址信息在大量的业务信息中扮演着不可或缺的角色。要让计算机能够理解一个地址并定位到空间位置，就必须将其数字化，建立相应的地址编码实现地址匹配。

地理编码（Geocoding）是基于空间定位技术的一种编码方法，它提供了一种将描述为地址的地理位置信息转换成可以用于 GIS 系统的地理坐标的方式。通过分析现有的信息系统的数据资源可以发现非空间数据资源都有具体的发生地，这也是非空间数据资源与空间数据发生联系的一个关键环节。地理编码技术是实现大量管理信息基于地理信息系统定位和可视化分析的桥梁。当实现 MIS 中的地址信息的自动地图定位后，GIS 就可以发挥其在空间分析上的优势。如果与 MIS 中的其他属性数据结合分析，信息的内涵就更加丰富。地址编码技术可以用于整合社会各部门的专业数据，并在地理空间参考范围中确定数据资源的位置。从而建立空间信息与非空间信息之间的联系，实现在各种地址空间范围（即行政区、人口普查区和街道）内的信息整合。因此地理编码在城市空间定位和分析领域内具有非常广泛的应用，如商业上的区位和选址分析等，还可以满足资源环境管理和城市规划建设，以及公安部门 119 和 110 报警系统等基于位置的服务要求。

4.2 地理编码应用

4.2.1 国外应用概况

美国是地理编码应用最早且最广泛的国家，早在 20 世纪 70 年代就建立了全国的地理编码标准。并开发了通用地理编码软件，成功地应用于 TIGER 软件系统，在历次全国人口普查统计中发挥了巨大作用。例如，在人口普查中需要使用地理编码为划分出的普查地理区域分配数字代码来代替普查区域的文字名称，以方便计算机处理。利用地理信息系统可以统计分析不同地域的分类信息，把人口普查得到的住户和个人资料方便地与其所在地域联系起来，反映普查资料的地理特征。目前地理编码软件已经商品化，一些著名的 GIS 软件都有地理编码模块。

自从 1990 年以来，澳大利亚开始意识到广泛且高质量地址编码数据库的需要。

经过多年的计划合作和发展，G-NAF（A Geocoded National Address File）终于在 2004 年 3 月问世，13 个团体组织将近 32 000 000 条地址记录用来 5 步清洗和集成，产生了一个包括 22 个常态下的文件。

在加拿大、德国和以色列等国家，很早就对地理编码技术做了大量而细致的研究工作和实际应用。与美国一样，这些成果在各自国家的规划、行政和测绘等工作中起到了积极的作用。

此外，国外在开发地址编码项目时有专门的部门或公司依据相关标准和规范负责区域性地址数据的采集和维护工作。例如，美国的 Geographic Data Technologies（GDT）公司在很多 GIS 开发和应用项目中都负责生产和维护项目所需要的地址数据产品；另外，国外有很多关于地址数据的内容标准和规范。例如，联邦地理数据委员会（FGDC）的文化和人口数据附属委员会在 2003 年 4 月发布的地址数据内容标准公共草案，美国南卡罗莱纳州信息资源委员会在 2000 年 4 月发布的地址数据库和地址道路中心线内容标准，以及美国邮政管理局在 2000 年 11 月发布的邮政地址数据内容标准等。这些标准和规范对地址结构、地址类型、别名、地址表达目的、地址相关描述信息、地址规范化标准和地址表达形式等做了详细的说明和描述。

4.2.2 国内应用概况

我国从 20 世纪 80 年代开始一部分城市的规划、测绘及管理部门对城市地址编码问题相继开展了研究工作，北京市城市规划设计研究院在 20 世纪 80 年代末期即着手研究北京市的地址编码问题；上海、广州、深圳和常州等一些城市在建立城市地理信息系统的同时也开展了相应的研究。到目前为止，国内没有建成通用和标准的地址数据库。从而造成国内地址编码技术仅仅局限于个别领域，难以推广。目前香港特别行政区的地理编码数据库精确度可达到街道门牌及建筑物层面，中国台湾地区精确度达到街道及主要景点层面，而中国大陆地区精确度只能达到省市层面。由于现有的地名及地址体系异常复杂，以及地名相对混乱且规律性差等原因，所以造成国内目前在地址编码技术方面还仅仅局限于专业领域和部门内部，难以推广和普及。例如，北大方正的"小红帽物流管理系统"和北京市 SARS 疫情防控 GIS 分析决策指挥系统等。

目前国内还没有针对地址数据内容方面的标准和规范，地址数据内容描述不统一且地址表达方式多样，造成个别部门和公司在开发地址编码软件时重复采集地址数据。地址数据模型不一致、地址数据采集和整理方法各异，以及地址匹配信息重复生成等问题给地址数据资源开发和利用带来了巨大的浪费。例如，北大方正数码公司在开发和完成 MapSearch 项目时提出了 17 种城市地址数据表达方式和类型，北京朝夕科技有限公司与北京市信息资源管理中心合作完成的"北京市地址编码数据库系统建设"项目中也提出了 28 类地址数据类型和表达方式等。

另外，国内的 GIS 软件厂商所开发的地址匹配和定位软件还没有提出适合国内信息系统应用的地址模型和标准，也没有建立标准的地理参考作用的地理编码数据库系统。

因此适合中国国情的地理编码技术应用还处于起步和探索阶段，如北大方正公司在 MapInfo MapMarker 的基础上开发了 MapSearch—地址编码管理器，试图实现基于北京市全境地图数据和地址数据并依据地址字符串智能匹配地理坐标值。但是软件采用的地址模型过于复杂，加上软件功能过于简单，所以在具体应用中地址匹配率不高。例如，现有的国内 GIS 软件在查询地址编码时，词条"解放路"的查询结果多于 5 条，如"济南市解放路"、"常州市解放路"、"武汉市解放路"、"江山市解放路"和"宜昌市解放路"等，这些重复名称的街道在查询过程中会给用户带来不便；另外不规范的地名写法也会造成查询匹配失败，如武汉市的"硚口区"，在很多场合已写成"桥口区"，用户输入时可能会输入错误。因此在用户查询地址编码时，分析上下文信息并利用多信息源交叉判断处理，对于提高匹配命中率和准确率极有帮助和现实意义。

目前国外已有的地理编码软件并不适合中国国情，主要原因是我国现有的地名及地址体系异常复杂，地名混乱、无序，并缺乏规律性和统一的标准。如果重新设计如同 TIGER 系统那样的地址编码体系，则现行的地名及地址体系就要做大的调整和规范，这种调整是困难的。目前国内的 GIS 软件厂商开发的地址匹配和定位软件，如北京长地计算机公司的"寻址神"和北大方正的"小红帽物流管理系统"等还没有提出适合国内信息系统应用的地址模型和标准，也没有建立标准并起到地理参考作用的地理编码数据库系统。

总体上，我国 GIS 领域在地址编码技术应用和标准化方面还处于起步和探索阶段，适合中国国情的地址编码解决方案至今仍然是空白。因此很有必要在地址数据内容和描述、地址数据采集和整理、地址数据模型和地址数据库构建、地址编码软件开发，以及地址编码应用服务规范等方面加施标准化的研究和探索。

4.2.3　地理编码的应用

随着警务信息化建设的整体推进，各级公安机关现已建立了大量的业务信息系统，如户籍人口信息系统、刑事案件综合信息系统、治安管理信息系统和出入境管理信息系统等。这些系统中超过 90%的信息与地理空间位置密切相关，而且与其周边的地理环境有着密不可分的联系。然而在业务系统中这些关于地址的记录仅有一些文字描述（有的甚至非常不规范），缺少空间地理位置坐标信息。因此无法与其他信息关联整合，也无法实现直观的空间统计与分析。将地理信息技术引入到这些业务信息系统中建立警用地理信息系统。并且将所有与地理位置有关的业务数据全部关联到电子地图上，整合众多业务信息系统中相互独立的"信息孤岛"，实现数据的共享和综合利用，以及警用信息在电子地图上的直观化及可视化管理；同时改变目前单一的文字和表格操作模式，让公安人员足不出户即可了解掌握辖区的人员、场所和事件的分布情况及规律。如何将业务信息系统中的有用数据如实定位到电子地图上，就成为警用地理信息系统建设的一个关键问题。解决这个问题的有效方法是运用地理编码技术（Geocoding），即将现有地址实体，如地名、道路名和门址等进行空间化、数字化和规范化，建立较为完备的地理编码数据库。通过研究地址搜索匹配算法及开发地址匹配软件，提供地址查询和地址匹配等服务，为整合空间信息和业务信息系统提供有力的工具。

其他业务信息系统与警用地理信息系统的关联如图 4-1 所示。

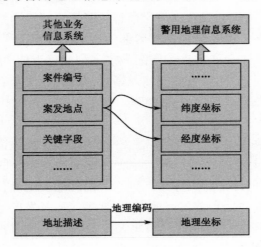

图 4-1　其他业务信息系统与警用地理信息系统的关联

警用地理信息系统是公安部"金盾工程"的重要组成部分，是基于地理信息系统在公安系统应用的一个专题子系统。它在地理信息系统的基础上增加了数据和软件两个部分的内容，数据方面在基础地形图（或电子地图）数据基础上关联了公安警用专题信息数据，包括公安公共地理信息数据和公安业务地理信息数据；软件方面在地理信息系统软件基础上关联了公安警用业务应用功能。

警用地理信息系统使公安局常规业务信息系统中的数据进入直观的可视化空间，弥补了常规业务办公系统中"看不见在哪里"和"不知道在某特定位置上有什么"。凡涉及地址定位的应用都是地理编码技术在警用地理信息系统中的应用，如各种业务数据库中的具体记录在电子地图上的定位，以及固定电话和手机等报警之后在电子地图上的定位。采用地理编码技术将人口信息库、重点人口信息库、户口审批系统和重要场所管理系统等公安业务数据在电子地图上定位并与之关联，结合接处警数据库形成共享数据库，在此基础上提供区域、图层、类别、范围和时间等方式对相关数据库进行空间和可视化查询。

不知道人口、案事件和特殊行业等业务信息在空间位置上的关联等导致缺少分析数据的缺陷，综合利用地理信息技术所特有的空间分析功能和可视化表达能力可以使警用数据信息和空间位置信息融为一体。通过监控各种警务要素在空间的分布情况和实时运行情况可以分析其内在联系，并合理配置和调度资源，从而提高各警务部门的快速响应和协同作战能力。典型的应用如下。

（1）固定电话自动定位：当指挥中心接到固定电话报警后系统根据固定电话的装机地址信息，利用地理编码的地址匹配功能将固定电话的地理位置显示在电子地图上，实现报警地点在地图上自动定位；同时系统记录报警定位信息和案事件类型等信息。

（2）通过与公安业务系统关联可以将业务数据定位在电子地图上，实现业务数据的可视化操作与关联查询，并且提供相关的统计分析功能。

（3）通过与人口信息数据关联可以在电子地图选择某一处房屋，查询居住在此屋的人口信息，如姓名、照片、性别、民族、身份证和工作单位等详细信息。在系统中对某人的姓名及性别进行条件查询可以查询此人的居住地，并显示在电子地图上。这样可以实现以房管人及以人查房的目的，为警务决策提供数据支持。

（4）通过与户口审批系统关联可以将户籍地址显示在电子地图上，追踪户籍迁移关系，实现户籍的可视化管理；通过与重要场所数据关联实现重要场所的可视化操作与相互关联查询。

作为关联给定地址信息与地理位置坐标的地理编码技术在警用地理信息系统建设中具有非常重要的作用，利用地理编码技术可以直接使用原有业务系统中已积累的大量业务数据无需在警用地理信息系统中重复录入，从而大大减少了警用地理信息系统建设的工作量和经费投入。系统只需要动态更新维护标准地址即可通过地理编码技术实现警用动态信息的实时地址定位服务，为治安管理、决策及应急指挥提供准确和实时的信息支持。

4.3　地理编码方法与实现技术

4.3.1　技术流程

在 GIS 系统中显示的数据需要包含 X 和 Y 坐标，这样系统才能知道应将数据显示在地图的何处，为这些数据赋予地理空间坐标需要地理编码技术。地理编码也可以称为"地址编码"，Arclnfo 中地理编码的定义指在地理特征中加入地址属性，从而通过输入地址即能确定一个空间位置；在 Maplnfo 中地理编码指为数据记录指定地图坐标的过程。可以认为地理编码就是将空间地址数据与空间位置（坐标）相关联，使得可以在地图上确定此空间地址数据所代表的地理实体的位置。

地理编码的过程如图 4-2 所示，其中通常包括地址标准化（Address Standardization）和地址匹配（Address Matching）。地址标准化指在街道地址编码之前所做的标准化处理，即将街道地址处理为一种熟悉且常用的格式，纠正街道和地址名称的拼写形式等；地址匹配指确定具有地址事件的空间位置并且将其绘制在地图上,如根据犯罪报告将相应的标志插在挂图上即是一种原始的地址匹配形式。地址匹配的目标是为任何输入的地址数据返回最准确的匹配结果,首先在街道级别的地址范围内精确匹配。如果没有找到匹配的地址,则在上一级的地址范围内进行搜寻,直到找到匹配结果为止。最后完成匹配的地址数据被赋予了空间坐标,从而能够在地图上表示出此地址数据所代表的空间位置。

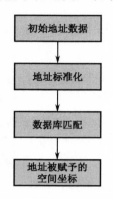

图 4-2 地理编码过程

在地理编码的过程中需要匹配两种数据类型的数据,一种是只包含地理实体位置信息,而没有相关地图定位信息(即空间坐标)的地址数据(如街道地址、邮政编码和行政区划等);另一种是已经包含相关地图定位信息(空间坐标)的地理参考数据(包括街道地图数据、邮政编码地图数据和行政区划地图数据等),这些数据集合或者数据库在地址匹配过程中起到空间参考作用(完成匹配后为前者赋予地理空间坐标),是地理编码技术应用中最核心的部分。国外的相应软件中称为"street reference database",如美国人口普查局的 TIGER 数据库系统及 Tele Atlas North America.Inc 的 Tele Atlas North America Map's Premium 等。有时综合应用这几个数据库系统以提高地理编码的成功率。

目前,与地理编码相关的地址匹配和定位软件主要有 ArcGIS 的 Geocoding 模块和 MapInfo 的 MapMarker 等。通过地址匹配可以将地址数据库和地图数据库中的数据记录相连接,并为地址数据库中的地址数据赋予地图定位信息(即空间坐标)。

4.3.2 地理编码的改进策略

在对非标准的地址数据进行编码的时候,地理编码软件通常不能很好的执行。如果一个地址表达得模糊并且能和多个街道地址相匹配,用户就无法选定这个地址的具体位置,结果只能是输出这些模糊的地址并分别处理它们。因此在对地址数据进行地理编码之前,充分了解数据库中的数据以及如何利用这些数据是非常重要的。一般要考虑如下 3 个方面的问题。

(1)了解数据库中保存的地址数据的类型,明确这些数据所表达的空间范围大小。

即是街道地址级别或城镇级别，还是邮递区级别，尽量消除其中包含的歧义信息。例如，有的地址数据的地址名称相同，但所在的地理区域不同，则不能只按街道地址进行地理编码，需要添加空间区域或者范围的限制；否则地理编码软件难以区分这些记录并为其赋予唯一的坐标。

（2）有目的地选择在地理编码过程中所使用的用于地址匹配的地理参考数据类型，即详细程度可与具体地址数据相匹配的数据。

（3）考虑数据库中地址数据所表达的地理准确度，如果试图定位到电缆、犯罪现场或者消防龙头，则要求较高的准确度，应该按街道一级的地址（最小且最基本的地址单元）进行地理编码。

影响地理编码被成功应用的原因如下。

（1）地址数据不完整或者有歧义性。

（2）地址数据中包含的某些字符或者格式不能被地理编码软件正常处理。

（3）地址数据符合要求，但是作为地理参考的街道地图数据却不完整或者没有及时更新。

（4）地址数据正确，但是地址所在的区域范围或者边界有了变化。

地理编码的总体流程如图 4-3 所示。

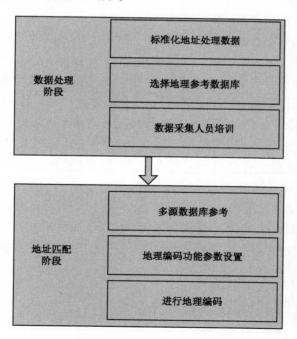

图 4-3　地理编码总体流程

通常需要提高地址数据的质量，为此需要预处理数据，其中包括如下工作。

（1）对地址数据进行标准化处理，其目的是清除地址数据中不符合地理编码要求的成分，具体做法是统一地址名称地址数据包含的数据成分，以及各个数据成分所具有的数据类型等。

（2）选择一种比较好并可作为地理参考的数据库系统（数据库中包含街道地图、邮政编码地图及行政区划地图数据等）。

国外市场上有许多可供选择的此类数据集，如美国人口普查局的 TIGER 文件系列。很多 GIS 软件的模块，如 MapInfo 的 StreetInfo 4 利用 TIGER 最新发布的数据。TIGER 文件每隔一段时间就会更新和改进数据，主要体现在街道名称及地址数据的数量和质量上。目前国内市场还没有一个比较完善的针对地理编码的数据库系统，加之国内的地址名称和地址体系比较复杂和混乱，要想照搬国外的地理编码的软件和方法几乎是不可能的。

（3）针对地理编码的具体要求，专门培训一些地址数据采集和处理人员。应该尽量安排那些对整个区域比较熟悉的人员，使其可以在采集和处理地址数据时遵循地址标准化的要求正确处理标准化处理后的地址属性数据，避免地址数据中因为包含一些非标准的因素而影响地理编码和地址匹配的质量。

在"地址数据匹配和定位阶段"主要考虑如下与地理编码软件相关的问题和策略。

（1）需要基于多种地理参考数据库进行地理编码。国外的一些研究表明，利用不同版本的 TIGER 基础文件进行地理编码得到的结果有很大的区别。较新文件包含的信息会更加综合和详细一些，而且包含更新过的街道地址数据。还可以结合旧版本的数据文件应用地理编码来及时和准确地反映这一区域在时间和空间上的具体变化，以进行空间分析。

（2）设置地理编码软件的功能参数，使其可以接受"非标准化"的地址数据。可以设置参数调整地理编码软件或模块的地址匹配精度，如街道门牌号码可以允许模糊匹配，只要号码接近显然是不同的，这要求更高的精确性。

（3）需要按照一定的顺序进行地理编码，一般先执行准确性要求较高的地理编码。然后根据需要调整参数处理准确性要求较低的地理编码；另外，预先将地理参考数据库中的地址数据按照邮政编码或行政区划分类处理可以显著地提高地理编码的速度，还可以提前设置或者说明哪一个地址区域范围在地址数据编码时更可靠一些。需要明确认识成功的地理编码与较高的地址匹配率之间不能划等号，虽然改变地理编码模式和软件功能的参数设置能够显著地提高地理编码的成功比例，但产生错误的比例也会相应升高。

4.4 地理编码的标准与模型

4.4.1 地址特征分析

地址提供一种关于人、建（构）筑物及其他空间物体的定位实现，是用来唯一标识特定兴趣点、存取和投递到特定地点，以及基于地点定位地理数据的一种实现。由于不同的行业和机构根据自身的不同需求，以不同的方式采集和利用地址信息，其格式和质量都不统一。因此在编码这些不同来源的地址信息之前需要按照统一的路街巷名称和门牌号码编排规范标准化，即用一致的形式表现出来。通常中文地址存在以下特点。

（1）很多地址不是街道门址类型，如"北京市海淀区北京大学中关园 50 丙楼 302 室"，通常在一个区寻找某个地址的难度比较大。正确的类型应该为"北京市海淀区颐和园路 5 号"（街道门址），这样具体到街道寻址就比较方便。

（2）没有分隔符，拆分困难。不像国外地址中间有逗号或者空格相隔离，如 30 Main Street，Boston，MA02115。

（3）有些地址使用不规范，如"北京大学 45 甲学生公寓物美超市西厅"和"广州市先烈中路 100 号 15 栋之一 4 楼"。由于历史的原因，过去采取的是分散而凌乱的命名方式，而忽视了地名规划。从而导致了城市地名的混乱，甚至重名。

4.4.2 地址要素分类

地址数据标准化是关系到地址匹配最终成功与否的关键因素，要实现地址的地理编码和地址的成功匹配就必须遵循标准地址编码的规范。并且建立标准地址模型去除非地址信息和冗余信息等人为的复杂性，依据标准地址编码的数据模型来拆分地址字符串，实现地址的标准化。地址标准化工作也成为我们首先要面对和解决的问题，制定地址编码标准的主要任务是建立城市信息资源分类与编码标准体系。以确定地址编码体系结构，力图和现有标准有效地接口。要尽量使用现有的国标，包括地名分类标准、地名编码规范、道路编码规范及楼名编码规范等。

为了准确地分析并描述地址模型，在此引入最小地址要素的概念，并给出中国城市可能的最小地址要素的类型。最小地址要素指不可再分的地址要素，具有最小的地址意义。如香江路是一个最小地址要素，如再将其拆分为香、江和路则不具有任何意义。

建立地址模型首先应该明确如图 4-4 所示的地址要素和非地址要素集。

在许多地方，洞、公路、规划、河流、湖/潭、公园、环岛、纪念地、建筑物、交通站场、街巷、开发区、名胜古迹、桥梁、泉、山峰、山脉、水库、水渠、隧道、体育设施、铁路、政区、住宅区、自然村、地片、楼名和门址等都被视为地址要素。在本项目中作为地址或组成地址的要素主要有公路、街巷、开发区、政区、社区、住宅区、楼民和门址，其他均为非地址要素。

每个地址要素都由关键词和专名两部分组成，每类地址要素的通名近似相同，但专名都不相同。例如，"武汉市青山区工业二路 58 号"的专名和通名拆分如下。

"武汉市"拆分为武汉（专名）+市（通名）

"工业二路"拆分为工业二（专名）+路（通名）

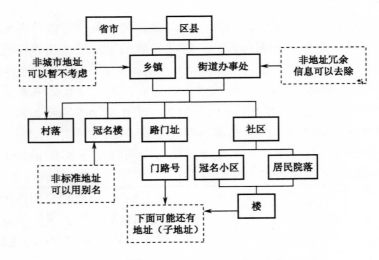

图 4-4　地址要素与非地址要素集

按照地址的类别性质在地址编码项目中将地址要素分为如下 5 类。

（1）行政区界：在地址编码项目中行政区划部分用十标注地址的行政级别，描述其所属行政范围，以反映地址数据的粗粒度信息。该部分不包括街道办事处，并且不可为空，其中包括如下 4 层。

- 国家层：表明地址所属的国家。
- 省级层：表明地址所属省的名字，没有则为空。通名为省。
- 市级层：表明地址所属市的名字，不能为空。通名为市。
- 区县层：表明地址所属区县的名字，没有则为空。通名为区或县。

（2）地址部分：地址数据的核心组成部分，描述地址的具体内容，反映地址数据的中粒度信息。这部分不可为空，主要包括道路和门牌号。

- 道路通名：路、街、大路、道、大街、胡同、巷、弄、条和里，如武汉市青山区的道路主要以街命名，如钢花村街和冶金街。
- 门牌通名：号和#。

（3）子地址部分：地址数据中的剩余部分，描述地址的补充信息，反映地址数据细粒度信息的部分。该部分可以为空，其中包括楼牌号、住宅小区和社区等。

- 社区通名：社区和园。
- 住宅小区通名：小区、公寓、苑、花园和街坊，如翠园小区。
- 楼牌号通名：门、栋、号楼、楼、馆和堂，如 13 号楼和逸夫楼。

（4）别名部分：由于某些原因，一些城市或者道路可能有两个名称。虽然行政规划上有一个正式的名称，但是也有可能有约定俗成或者历史遗留下来的名称。

（5）补充部分：地址信息的补充，包括如下两个部分。

- 邮政编码，如 266555。
- IP 号区段及电话号码等。

地址由上述各类地址实体的名称段组合构成，而且最终实现地址匹配时也需要这些关键字段，所以地址拆分所需要的地址字典库的结构根据这些名称段的分类信息来设计。字典库包括省、市、区（县）、道路、房屋、社区、街道和标志物等各类地址名称表，各个表中的记录都与其标准名称相关联。地址拆分采用基于字符串匹配方法的最大逆序匹配算法，做到准确并完整地拆分地址字符串。可以在拆分的同时获得拆分出的地址关键字段的分类信息并输出标准地址名称，使得在地址匹配阶段获得正确的地址字段信息。

地址字符串的拆分和标准化步骤如图 4-5 所示。

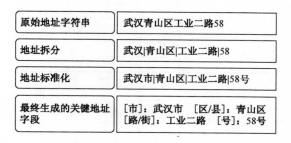

图 4-5　地址字符串的拆分和标准化步骤

从以上过程可以看出实际的地址数据被拆分成标准的地址字段值，它们将按照一定的规则组合并与参照数据中相应的字段值匹配进而实现地址编码。

4.4.3　地址编码模型

词组结构化的组成方式即地址模型，不同国家和地区有不同的地址表述方式，即不同的地址模型。地址涉及多个方面的基础信息要素，而目前这些基础信息要素尚没有一个编码标准。DIME 地理基础文件和 TIGER 模型是曾经在美国人口普查过程中成功应用的地理编码模型，对于后来的地址编码模型的建立具有重要的参考意义。这两种模型都不存储单独的地址，而以"地址范围"为基础，街道由线段序列表示。若一个连续的线段序列除断点外没有其他交点，并且每条线段明确关联了左右多边形及始末节点信息，则在 TIGER 的拓扑结构中被称为"完整链"，完整链的首尾点称为"Start Node"与"End Node"。术语"地址范围"指相对完整链的节点编号方向，第 1 个与最后一个可能的沿街门牌号对应。即地址范围包含号码可能的全部范围，即便被标识为某号码的地物实际并不存在。

虽然我们也可借鉴国外 DIME 数据模型"街道+门牌"的地址形式，但是美国的地址命名更加规范，地址形式相对单一且简单。DIME 数据模型针对"街道+号码"的地址形式设计，可以借鉴该模型处理简单"街道+号码"形式的地址，但是仅仅这一单一模型远无法全面模拟我国常用得地址类型。如果在另一个城市有相同的街道名，则在缺乏先验知识的情况下无法进行标准匹配。在以上的层级模型中，我们可以提炼出各个级别的最小地址要素形成标准化的依据。例如，Grade1=国、Grade2=省、Grade3=市、Grade4=区、Grade5=路和道，以及 Grade6=号等。根据对我国城市地址数据调研和分析可以得出标准地址层级模型（地址树模型），如图 4-6 所示。

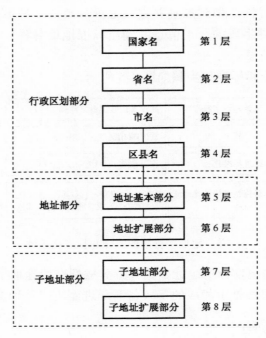

图 4-6　标准地址层级模型

　　根据地址匹配精度到楼的要求，地址模型由 8 层地址要素组成。模型本身对地址要素的语法和语义几乎没有限制，仅要求每一层地址要素与下一层的地址要素之间具有从属或空间包含关系；同时要求第 6 层和第 8 层地址要素为数字型的门牌、楼牌或房间号码。当实际应用这个高度抽象的地址模型时，可以根据各城市的具体要求使用。以武汉市洪山区地址为例，按照小的地址要素在后的方式组合形成地址名称，如地址"中国武汉市洪山区雄楚大街 195 号金翼创业园 5058 室"的层次地址模型，如图 4-7 所示。

　　可以看到模型的结构呈树状型，比较清晰地反映了地址的组成。但是全国各地的地址格式不一致，有的地方用办事处和居委会等表示地址。在这种情况下还需将这些地址转换为地址模型中对应的每一个层次级别，默认的层次用空格表示。还有的地址具有别名，对此应该在建库时将其与对应的标准地址相联系，以便提高匹配效率。

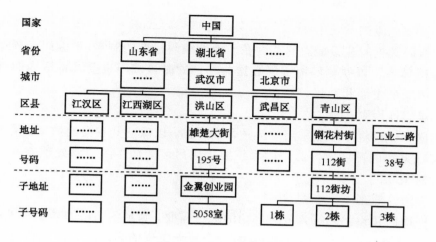

图 4-7　层次地址模型

4.5　地理编码数据库的建设

地理编码数据库是地址编码系统的核心基础,其建设目标是根据自然语言描述的地址字符串自动生成标准地址,然后根据标准地址自动生成地图坐标,能够利用基于地址的空间相对定位技术实现以统一时空坐标整合各种社会经济、资源环境及规划管理信息。并在政府各部门分散的信息资源库之间建立有机联系,实现非空间数据与空间数据之间,以及非空间数据与非空间数据的集成与融合,为政府各部门实现信息共享、交换和整合提供基础信息支撑。

由于我国城市之间及城市与农村之间的地址差异很大,使得国内还没有应用于全国范围的精确度可达到街道门牌及建筑物层面的标准地理编码空间参照数据库,所以地理编码的推广和应用遇到了数据瓶颈。而且我国地大物博且历史悠久,建立国内的地理编码数据库还有一定难度,所以目前地理编码数据库的建立应当考虑城市之间,以及城市和农村之间的地址差异性。以一定范围和实际现有数据为背景,建立小范围内并具有可扩展性的地址编码参照数据库是解决数据瓶颈问题的一种有效尝试。

4.5.1　建设目标与原则

建设地理编码数据库的目标是根据用户输入的地址数据自动生成标准地址,然后根据标准地址生成地图坐标,并利用地址匹配技术在地图上实现地址可视化。在分散的社会经济、资源环境和规划管理等信息资源库之间建立有机联系。为了构造一个在使用和管理上灵活而高效的地址编码数据库系统,使数据的管理更加有效且应用的范围更加广泛,在设计地址编码数据库设计时应遵循如下原则。

（1）标准化原则

地址编码数据库建设成败的关键在于地址编码标准的制定，该编码必须适应国家已有的标准体系，以便更好地实现数据共享；同时该编码也要具备适当的可扩充能力，适应未来的发展和变化。

（2）可靠性原则

该数据库建设将尽可能采用主流技术和产品，以保证其较高的质量，采用成熟的技术以降低系统的不稳定性；同时系统要采用尽可能详尽的故障处理方案，加强系统的故障对策功能。

（3）实用性原则

该数据库的建设必须符合政府部门的业务需要，满足各部门的功能需求；同时也必须满足一般企事业单位及普通老百姓对于地址定位的需求。因此应以实用为基本出发点，力求系统结构简洁、清晰和实用，符合大多数人的使用习惯。

（4）开发与可扩充性原则

国外商业地址编码软件并不适合中国国情，基本上无法使用，因此必须立足于自主开发相应的软件平台。根据软件技术的发展趋势，也为了适应政府职能和应用服务方式的不断变化，应进行开放式设计。并且采用组件式开发，便于系统的二次开发和实现独立系统的嵌入。

4.5.2　数据库逻辑模型

地理编码数据库逻辑框架可分为 4 层，如图 4-8 所示。

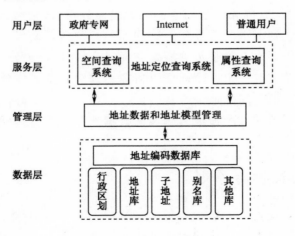

图 4-8　数据库逻辑框架

其中数据层实现城市地址数据的获取、建库与更新，管理层实现地址数据的管理维护，服务层实现面向各行业的城市地址定位服务，用户层提供各级用户的查询检索工具。

地址编码数据库的组成取决于地址模型中所包含的地理实体的种类,主要由行政区划库、地址库、子地址库和别名库等空间数据库和各社会经济数据库(属性数据库)组成。地址库主要包括道路数据,道路数据体现的是基础的坐标位置信息。它由一系列道路中心线段来表示,现实世界中的交通网络由这些线段组成。每条线段都有一个唯一的矢量结构,即道路名称从路左门牌号起始,路左门牌号终止,路右门牌号起始,路右门牌号终止,以及道路两边门牌号排列规律等。这个矢量结构信息包含了丰富的信息,可以根据门牌号类地址数据进行大区域范围的交通事故定位分析、城市经济分析和公交路线分析等。子地址主要是房屋数据、区域界限数据和标志物等,房屋数据由建筑房屋的投影边界图形表示,每个建筑房屋都有唯一的结构。即房屋所在的社区(或小区)名称,房屋的楼牌号及其所属区域的邮政编码等;区域界限数据的主要用途是按照大概的定位为地址信息做索引,提供定位一个地址的相关信息,区分不同定位中的相同地址间的差别。区域界限数据主要包括行政区划界限及其邮政编码的相关信息,其中邮政编码的使用最为普遍;标志物数据由多个点地物表示,每个点地物代表一个独一无二且具有标志特性的地物。

4.5.3 建库流程

目前国内建立的有关地理编码数据库系统在采集地址数据时都是采用人工现场勘查采集方法,需要事先将采集目标地区的略图打印出来发给数据采集人员,这种数据采集方法一来数据准确性和精度难以保证;二来不利于以后的数据更新和维护。因此数据采集工作需要找到另外的方法,以满足数据内容丰富、现势性强及数据精度高等要求。航空影像能客观反映地面真实景观,现势性强。并且生产技术成熟,影像数据源有保证,容易更新。在航空影像上容易准确标示城市地名地址信息,如企业名称、门牌号码和楼名编码;另外,建立航空影像的 GPS 联测可实现快速导引实地定位,用户可以使用廉价且低精度的导航型 GPS 快速而准确地导引到地址GIS 所提供的目标。因此以航空影像和高分辨率卫星遥感影像(如 Quickbird)为基底建立地理编码数据库的技术方案是一个现实可行的技术方案,用其建设地理编码数据库的流程如图 4-9 所示。

为提高工作效率,也可采用半自动化的机制,即人与电脑相结合的方式更新数据。由工作人员在正射纠正后的航空影像上采集,用鼠标跟踪和记录空间特征的轮廓和形状。并采用点、线或面方式存储为空间数据文件或者利用已有的矢量电子地图生成,而属性数据则利用地名录或黄页信息等已有的成果采集。航空影像和电子地图可从影像数据库中提取,或由程序在遥感影像上采集最新地址,由工作人员来确认、修改并补充。然后由程序进行地址数据预处理,并由工作人员来确认或修改,最后更新到地址编码数据库中;此外还需要建立完善的地址数据采集更新规范,确保更新的正确性和高效率。

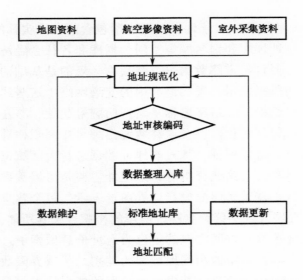

图 4-9　使用航空影像建设地理编码数据库的流程

4.6　地址匹配

地址匹配指根据用户输入的包含地址信息的文字描述按照一定的地址匹配策略与地理编码库中的地址信息进行比对,从而获得对应的空间地理坐标并定位到电子地图的相应空间位置的过程,其关键是地址数据库的查询和比较。为了减少查询和比较次数并保证匹配的成功率和准确率,实现模糊匹配,较好的方法就是为地址数据库中的地址字段建立索引。根据不同的地址模型可以为某个权重较高的字段建立索引,如英文地址中为街道名称创建索引。建立索引后减少了数据库的读取次数和比较次数,将地址匹配缩小在较小的范围内。

4.6.1　地址匹配的方法

适用于我国的地址匹配方法可分为 5 类,即门牌号类、楼牌号类、区域类、标志物类和其他地址类。实现这些方法则需要借助规则引擎技术,并且需要为每类匹配方法制定匹配规则。匹配规则主要包括空间参照数据和匹配关键字段这两个方面,采用 XML 技术来配置规则,这样各级用户可以很方便地根据自己的实际情况增删查改规则,使得规则的应用具有很大的灵活性、可配置性和扩展性。基本的匹配规则文档的 XML Schema 结构如图 4-10 所示。

在地址匹配前需要选择地址匹配类型,然后通过读取这个规则文档自动生成所选类型的匹配规则配置界面。并由用户选择和设定匹配字段,最终生成此种匹配方法的规则文档。这样在执行地址匹配时,只需加载所选的匹配规则文档即可实现相应的地址匹配方法。这种地址匹配的实现方式避免了由于数据和匹配字段选择不当而引起的地址匹配失败,也提高了地址匹配实现方式的可扩展性。

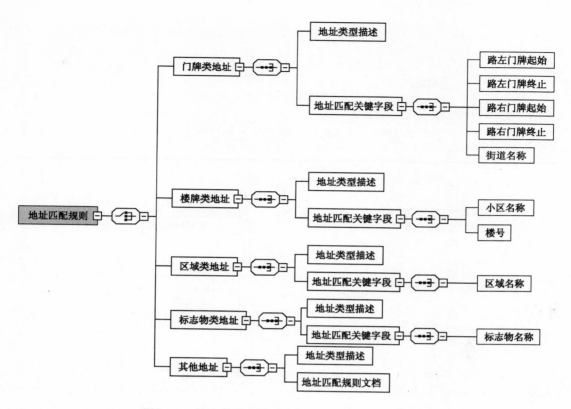

图 4-10　基本的匹配规则文档的 XML Schema 结构

4.6.2　地址匹配的流程

地址匹配旨在对拆分后所得到的若干标准地址要素分别按一定的规律组合（即地址层级模型），然后与标准地址库中的地址记录进行比对。若比对成功，则返回与其相匹配的标准地址的空间坐标值；否则还可能需要利用与其相邻的标准地址信息进行地址插值，以获取相应的空间坐标值。图 4-11 所示为地址匹配的详细流程。

由于需要地址编码的属性记录所提供的地址信息可能包含多种地址类型，这样如果在批量地址匹配时使用单一的地址匹配方法，匹配的成功率并不高。所以设计并添加了综合类地址匹配方法以实现多种地址匹配方法的综合利用，大大提高了地址匹配的成功率。这种匹配方法的规则设定很简单，只需添加所需的地址匹配方式的规则文档并进行必要的排序。通常的执行顺序视精确度来定，即精确度高的先执行匹配。

虽然能够实现全面的地址匹配实现方式，但还是有一些记录不能成功匹配。造成匹配失败的原因有很多，可能是原始地址数据缺少必要的匹配字段，也可能不完备。为了使匹配失败的记录能定位到大概位置，添加交互匹配功能是参照数据来对其模糊定位。显示记录的候选匹配项列表，由用户选择最终的匹配项并完成地址匹配。

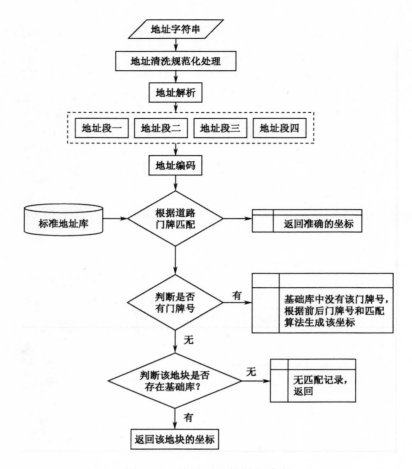

图 4-11　地址匹配的详细流程

4.6.3　地址匹配引擎的设计

地址匹配的目标是为输入的地址数据返回最准确的匹配结果,首先在街道级别的地址范围内精确匹配。如果没有找到匹配的地址,则在上一级的地址范围内搜寻。直到找到匹配结果为止,最后完成匹配的地址数据被赋予空间坐标。

地址匹配引擎既要能完成单个地址的匹配,也要能完成批量地址匹配,从而实现多种类型的城市地址定位。地址匹配引擎的主要功能如下。

(1)标准地址匹配:地址匹配引擎提供接口接收由客户端提供的标准地址字符串,自动确定其地理位置(经纬度或其他单位的空间坐标),并在图形窗口中显示结果。标准地址是指那些符合地址编码数据库系统所规定的地址类型和描述形式的地址。

(2)随机地址匹配:将客户端传来的随机地址字符串自动转换为标准地址,进而确定其地理位置,并返回相应的匹配结果信息。

（3）批处理地址匹配：批处理地址定位主要用于用户非实时地批量匹配和处理大量的地址数据。

（4）反向地址匹配：反向地址匹配实现由空间图形查地址，用户在地图界面上单击鼠标并选择容限值，系统返回与鼠标单击处最为匹配的地址字符串及相应的匹配信息。

第5章 警用地理信息的共享与服务

5.1 概述

5.1.1 警用地理信息共享与服务的背景

地理信息是一种战略性信息资源，对国家建设、经济发展及国家安全具有十分重要的作用和意义，国家的社会发展和经济持续增长必然对空间信息资源有空前巨大的需求。地理信息共享是实现全球、地区、国家和区域范围内信息化的前提条件，是构造"数字地球"的关键技术之一。

国外关于地理信息共享的研究起步较早，相关国际机构也纷纷成立。例如，1957年国际科学联合委员会（ICSU）建立了世界数据中心（World Data Center，WDC），组织协调各国从事地球科学、空间科学和天文学的数据科学工作者建立合作关系，并促进科学数据共享。国际科技数据委员会（Committee On Data for Science And Technology，CODATA）成立于 1966 年，也是由国际科学联合委员会组建的一个跨学科且包含领域更广泛的国际数据合作中心，目的在于协调全球各学科领域的数据建设和共享服务工作。我国于 1984 年加入 CODATA，并由中国科学院牵头组织国内有关部委成立了 CODATA 中国委员会。1993 年和 1994 年美国提出建设"国家信息基础设施"（National Information Infrastructure，NII）和"国家空间数据基础设施"（National Spatial Data Infrastructure，NSDI）计划，目标是为全球范围内基础地理信息的采集并实现全球空间信息共享。当前世界上约有 40 多个国家都制订了致力于本国国家空间数据基础设施（NSDI）建设的相关计划，并将 NSDI 建设作为向信息社会过渡的重要举措。NSDI 是将全国范围的地理空间数据汇集在一起为各类用户提供服务的一种手段，它提供了一种环境，在其中组织和技术相互作用，从而促进空间数据的生产、管理和使用，以确保本国地理信息、资源的建设和共享。美国、加拿大、荷兰、澳大利亚、新西兰和英国等国家在这一领域走在了前面，韩国、日本、印度尼西亚、新加坡和马来西亚等国也发展较快。跨国家的地区性空间数据基础设施和全球空间数据基础设施（Global Spatial Data Infrastructure,GSDI）建设也正蓬勃开展，其发展水平直接关系国家安全和未来空间信息产业的国际竞争力。

近 20 年来，我国已经建立了多个地理信息系统或数据库，积累了丰富的信息资源，具备一定的技术创新和应用开发能力，并且应用需求较大。1998 年我国建立了跨部门的地理信息协调机构，加强了对国家空间信息基础设施建设和应用的指导和协调。协调委员会办公室组织开展了国内外国家空间信息基础设施发展现状和趋势的调研，并在此基础上对世界主要国家空间信息基础设施的发展现状、趋势、政策，以及我国国家空间信息基础设施发展现状、优势和主要问题有了比较系统并全面的认识；明确了国家空间信息基础设施的构成及其在国民经济信息化中的地位和作用；提出了我国国家空间信息基础设施建设的指导方针、发展思路以及发展目标；设计了未来 10 年国家空间信息基础设施发展的总体框架，从空间信息资源体系、网络交换和信息共享服务体系、标准规范体系及应用 4 个方面提出了国家空间信息基础设施发展的重点、布局安排和政策建议。2007 年，由国家发改委牵头，联合国土部、水利部、农业部、国家林业局、国家海洋局、国家测绘局和中国科学院等 11 个部委建立了 4 个国家电子政务基础数据库之一——全国自然资源与地理信息库，该项目是我国第 1 次建设国家级的地理信息共享信息库。

5.1.2　警用地理信息共享与服务的意义

随着信息化、智能化和网络化的发展，以及计算机硬件性能的不断提高，公安领域指挥调度系统在近几年取得了突飞猛进的发展。例如，122 交通管理系统、110 指挥接处警系统和 GPS 监控系统等。这些指挥调度系统已经初具规模且综合应用较为成熟，是维护社会安全和预防打击犯罪，提高公安业务能力的重要支撑和保障。

地理信息系统是一种与事务的空间信息相关的决策支持系统，可以对地球上存在的东西和发生的事件进行成图和分析。GIS 技术将地图这种独特的视觉化效果和地理分析功能与一般的数据库操作（如查询和统计分析等）集成在一起，使 GIS 与其他信息系统相区别，从而使其在解释事件、预测结果和规划战略等中具有很高的实用价值。

事实上，GIS 技术已经在各行各业广泛应用，如城市规划、土地利用、资源环境、农业及水利等领域。国内外公共安全领域在地理信息系统的不断发展和应用中也充分认识到，GIS 技术在空间分析和可视化表达方面的优点可以弥补公安机关当前常规信息化应用系统中分析数据的局限性，综合利用 GIS 技术所特有的空间分析功能和强有力的可视化表达能力，使警务数据信息和空间信息融为一体。通过监控各种警务工作元素在空间的分布情况和实时运行情况，分析其内在联系，合理配置和调度资源可以提高各警务部门的快速响应和协同处理能力，为指挥调度提供科学的决策。

随着 GIS 技术在公共安全领域应用的不断成熟，1998 年公安部为适应我国在现代经济和社会条件下实现动态管理和打击犯罪的需要，实现"科技强警"并增强公安系统统一指挥、快速反应、协调作战和打击犯罪的能力，提出在全国各地市公安局和有条件的县（市）公安局建成网络化分布和联网运行的警务地理信息应用系统。将相关的公安业务系统与警务地理信息系统关联整合，在电子地图上实现精确定位展示、综合查询和研判分析。从而形成跨地区和跨警种的综合应用，做到决策指挥可视化、打防控一体化及信息应用集约化。我国警用地理信息系统的建设以公安信息化应用为基础，以公安信息通信网为依托，以警用电子地图为支撑，并且以公安信息共享和决策支持可视化为目标，利用地理信息技术提升公安信息化应用水平。

目前公安部已颁布了 12 个警用地理信息系统的建设标准，在全国公安机关开展警用地理信息系统建设中发挥了积极的指导作用，全面提高了警用地理信息系统的建设、应用和管理水平。随着我国警用地理信息系统建设和应用的广泛深入，警用地理信息系统的建设者、管理者和使用者开始逐步发现，现有很多警用地理信息应用因为实施平台，数据模型、数据组织与存储策略，以及开发模式和实施人员等的不同导致系统综合应用能力较弱，无法满足业务部门之间的信息共享。尤其在基础数据发生变化或者对旧的系统升级时，因为没有统一和完善的基础地理数据标准，所以给基础地理数据的统一化管理和信息共享带来了极大的困难。

5.1.3　警用地理信息共享与服务的需求分析

警用地理信息共享与交换服务是警用地理信息业务系统建设的基础与支撑平台，共享服务在城市警用地理信息系统建设的相关标准与规范下统一建设、管理与维护警用地理信息，为上层业务应用提供高效、便捷、统一且支持异构数据共享与互操作的地理信息服务接口；同时，警用地理信息共享与交换服务是全国警用地理信息共享服务的基础节点，在其建设中应为用户屏蔽后台空间数据的复杂物理存储结构和数据获取方法的差异，提供针对全网内分布式空间数据访问的统一接口和集中管理视图。综上所述，警用地理信息共享平台服务应具有如下功能。

（1）基于 B/S 的数据采集功能：警用地理信息分为基础地理信息和警用地理信息，由于警用地理信息相关实体在实际工作中通常由所属辖区的公安局或派出所负责管理和维护，如警用监控摄像机和警用报警设备，因此警用地理信息数据的采集与维护任务由所属辖区的公安局或派出所负责。为了方便民警在分布式环境下不受地域和软件的限制，实时、快捷且方便地完成采集任务，地理信息共享平台应提供基于 B/S 的空间数据及其属性的一体化采集与编辑的功能，经过复杂的采集数据审核机制可直接存入地理数据库。

（2）分布式地图服务共享功能：支持多台地图服务器在分布式环境下的集成应用。通过地图服务的联网注册，可以把多台地图服务器组合在一起，为用户提供多种地图服务的统一且透明的访问接口。系统可以根据用户访问的地图数据范围，把请求自动地路由到对应的多台地图服务器。返回数据后系统融合返回结果，最后提交给用户一个完整的地图数据。

（3）提供"中立"且与平台无关的地理信息服务接口：屏蔽空间数据的异构性和复杂的组织与存储结构，提供开放且统一的地理信息服务接口。允许地理数据及命令在不同系统中传输和使用，不论采取何种开发语言和操作系统，都可以采用统一的服务开发，这是市级警用地理信息共享平台建设的目标之一。

（4）数据交换：作为警用地理信息共享服务体系中的基础节点，市级警用地理信息要能够向上级部门传输地理信息数据。

5.2 面向服务架构与地理信息共享

5.2.1 Web Services

Web Services 也称为"Web 服务"，它提供了一种建立可互操作的分布式应用程序的新平台。这个平台是一套标准，它定义了应用程序如何在 Web 上实现互操作性，其核心思想是把软件作为一种服务。作为一种革命性的分布式计算技术，从外部使用者的角度而言，Web 服务是一种部署在 Web 上的对象/组件；从语义上看，它封装了离散的功能。在 Internet 上发布后能够通过标准的 Internet 协议在程序中访问，从而构建了一种异构数据资源整合的高效解决方案。在这一解决方案中不同的 Web 服务分别实现了一定的模块功能，通过将各种提供不同功能的 Web Services 及业务进行组合以创建应用，并统一地封装信息、行为、数据表现及业务流程，而无须考虑应用所在的环境是使用何种系统和设备，使应用程序的集成比以前更快、更容易。

近年来，Web Services 迅速发展，并得到了业界的广泛支持。其技术的发展得到业界的广泛支持，各公司和组织都希望把握这一信息发展的契机，于是出现了来自不同单位的 Web 服务定义。国际化标准组织 W3C 对 Web 服务的定义为："Web 服务由 URI 标识的软件应用程序组成，其接口和绑定可以通过使用 XML 来定义、描述和发现，通过支持基于 Internet 的协议使用基于 XML 的消息与其他软件应用程序直接交互。"除此之外，国际著名软件公司，如微软、SUN、IBM 和 BEA 等，也从不同角度对 Web Services 做了相关定义。

抛开上述 Web Services 细枝末节，各定义在其核心内容方面均有所区别。微软将 Web Services 作为其 .NET 的核心，定义是通过标准的 Web 协议可编程访问的 Web 组件，软件就是服务，未来的软件生产商就像现在的电信公司一样，用户可以按照时间来租用软件公司的服务；Sun 认为 Web Services 是一个架构中可置换的标准零部件，并提出智能化 Web 服务对信息时代有重大的意义；IBM 则认为 Web Services 是一种可以通过 Web 发布、定位，以及调用自包含和自描述 Web 应用程序，可以执行简单的请求和复杂的业务流程，其他应用程序和 Web Services 可以发现并调用部署好的服务（IBM 参与了 Web Services 标准的开发，而且已经在其产品中宣布了对 Web Services 服务标准的支持）；BEA 则强调 Web Services 可以充分发挥分布式业务处理的潜力。

在众多定义中，IBM 的定义接受程度较高。目前对 Web 服务的普遍认识是基于标准化的 XML 操作和 XML 消息传递，通过 Web 发布、定位，以及调用的自包含自描述 Web 应用程序。Web Services 对业务流程的支持通过标准 XML 操作完成，描述、注册、调用和整合 Web Services 的 XML 标准规范集合构成了其技术集合，而且成为 Web Services 定义的代称，即 Web 服务是一些 XML 规范技术集合。

Web 服务的体系结构如图 5-1 所示。

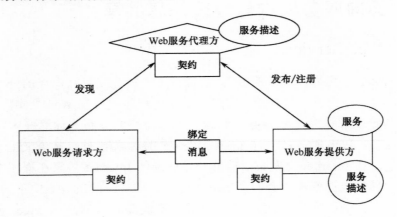

图 5-1　Web 服务的体系结构

该体系结构基于 Web 服务提供方、Web 服务请求方和 Web 服务代理方 3 个角色以及发布、发现及绑定 3 种服务构建，其技术架构实质是 SOA（Service-Oriented Architecture，面向服务架构）的一种具体实现。

- Web 服务提供方：服务提供方在实现 Web Services 后，依据标准协议描述 Web Services 的功能和调用接口并通过服务注册中心发布这些描述，从而使不同的请求者能够查找并调用 Web 服务。
- Web 服务请求方：服务请求方可以是一个独立软件，也可以是某个 Web Services。在明确需求后，服务请求方向服务注册中心查找特定的 Web Services，然后筛选查询结果，通过服务接口绑定所需的 Web Services 并获得运行结果。
- Web 服务代理方：服务代理方是使 Web Services 可以彼此查找并相互调用的基础架构，使服务提供方可以发布所提供的 Web Services，使不同的服务请求方可以迅速、准确地查找并绑定所需的 Web 服务。

与此同时，3 个角色之间的协同交互涉及发布/注册、发现和绑定 3 个动作。

- 发布/注册服务：服务提供方对服务进行一定的描述并通过服务代理方向注册中心注册服务。
- 发现服务：服务注册中心提供规范的接口来接受服务请求方的查询请求。对于服务请求方，一般在设计阶段为了程序开发而主要检索服务的接口描述，而在运行阶段则为了调用服务而检索服务的绑定和位置描述。
- 绑定服务：对服务的调用发生在服务请求方和服务提供方之间，在绑定操作中服务代理方反馈给服务请求方所请求服务的详细信息，包括服务的访问路径、服务调用的参数、返回结果、传输协议及安全要求等；服务请求方使用服务描述中的绑定细节来定位、联系和调用服务，而在运行时调用或启动与服务的交互。

5.2.2　面向服务的架构

1. SOA 概念体系

SOA 是一种软件体系结构模型和一种基于标准的组织和设计方法，它利用一系列网络共享服务使 IT 能更紧密地用于业务流程的服务。通过采用能隐藏潜在技术复杂性的标准界面，SOA 能提高 IT 资产的重用率，从而加快了开发并更加可靠地交付新的增强后的业务服务。其概念由 Gartner 公司于 1996 年首次提出，当时提出 SOA 的主要目的就是让每个 IT 系统都有自己的自主力和灵活的发展空间，同时又能够随需共享。但由于当时的市场环境和技术水平尚不具备真正实施 SOA 的条件，因此并未引起人们的广泛关注，只是停留在概念阶段，没有形成具体的观念和技术。直到 XML 语言的出现及发展，以及 Web Services 等技术的发展，SOA 才慢慢走入人们的视野，从概念逐渐转向应用。

SOA 的主要特征是把服务的实现和服务的接口分离开来，即把"什么"和"如何"分离开。服务消费者只是把服务看做一个支持特定请求格式或契约的端点，并不关心服务如何执行其请求，而只期望服务会执行其请求，并且期望与服务的交互会遵守一定的契约。SOA 采用的"发现、绑定和执行"模式如图 5-2 所示。

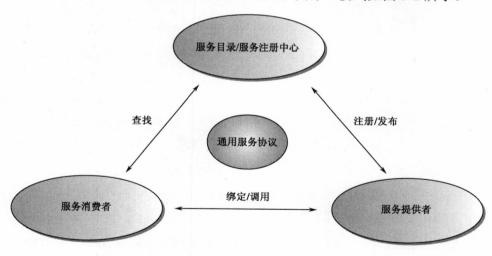

图 5-2　SOA 采用的"发现、绑定和执行"模式

在这样的模式中，服务的消费者通过一个第三方注册中心请求符合其标准的服务。如果注册中心有这样的服务，则把服务的契约和端点地址发送给消费者。服务消费者和服务绑定，服务按照服务契约接受消费者请求并执行。

服务目录/服务注册中心（又称为"服务代理者"）相当于一个服务信息的数据库，为服务消费者和服务提供者提供一个平台，使二者可以各取所需；同时，该中心有一个通用的标准，使服务提供商提供的服务符合这个标准，服务消费者使用的服务才可以跨越不同的服务提供商。

服务提供者即软件供应商，它通过在服务注册中心提供的符合契约服务将其发布到服务代理，并响应使用自身服务的请求；同时必须保证修改该服务不会影响客户。

服务消费者指服务使用者或服务请求者，即企业与其他消费服务的组织，它发现并调用其他软件服务来提供商业解决方案。从概念上来说，SOA 本质上是将网络、传输协议和安全细节留给特定的实现来处理。通用服务协议是服务提供商与服务消费者之间的方法说明或者一种协议，用于格式化服务的请求和响应，保证彼此间的通信。服务请求者、服务提供者及服务代理者通过注册/发布、查找和绑定/调用 3 种基本操作相互作用。

2．SOA 技术架构

实现 SOA 需要的技术包括 XML（Extensible Markup Language，可扩展标识语言）、SOAP（Simple Object Access Protocol，简单对象访问协议）、Web Services、消息代理（Message Broker）和 ESB（Enterprise Service Bus，企业服务总线）等。基于 SOA 的企业集成应用的体系结构如图 5-3 所示。

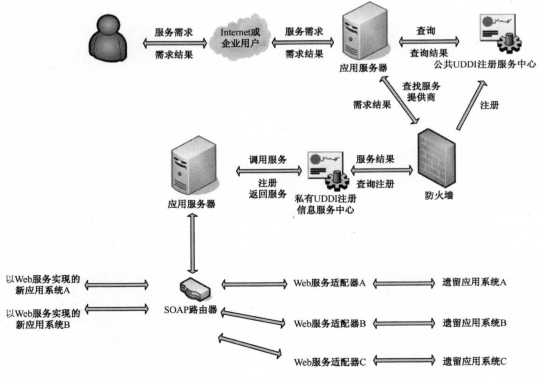

图 5-3　基于 SOA 的企业集成应用的体系结构

其中包括一个 Web 服务的 3 个组件，即服务提供者、服务请求者和服务中介者。客户端通过 Internet 或企业门户访问应用服务器，应用服务器作为客户端代理和 Web 服务的请求者向注册中心查找所需的服务。可用的 Web 服务是用 Web 服务描述语言（Web Services Description Language，WSDL）描述的，支持与平台无关的通信，从而解决了信息孤岛和遗留应用系统的问题。

UDDI 服务注册中心是应用集成的核心，包括 UDDI 服务注册中心库和集成规则库两个支持 Web Services 引擎的执行库。图 5-3 中两个 UDDI 的注册中心一个是企业私有的，由企业自己建立，位于企业的内部，主要提供企业内部的 Web 服务的查询与发现；另一个是公共的，可以由行业的中立机构（如行业协会）设立，主要为领域内的企业提供服务，也可以是流行的公共注册中心。

当服务请求者选择了一种服务时将使用 WSDL 描述来找出访问该服务的方法，一旦找到，WSDL 描述便被用来生成发送给应用服务器的 SOAP 请求消息，应用服务器扮演服务提供者的角色。

对于遗留应用系统，为了能够使 Web 服务适配器可以用于服务访问，必须为每一种服务开发 Web 服务适配器，它通常是一个连接到后端服务器的应用程序。对于每个 SOAP 服务请求，Web 服务适配器调用一个后端应用。

SOA 架构除了具有松耦合性、位置透明性及协议无关性等典型特性外，在可升级性、可靠性、可用性和可扩展性等信息系统性能维度方面具有传统软件架构难以比拟的优势，几乎已经成为企业应用架构的主流。部分著名 IT 厂商提出了若干 SOA 参考架构，知名度较高且应用广泛的包括 BEA 及 IBM 架构等。

GIS 已被证明在当今的 SOA 战略和实施中扮演了一个重要的角色，集成 GIS 与其他关键业务系统可以提升这些系统的精度、效率和生产力。例如，企业资源规划（ERP）工具可以用来选择具有专门技能的政府工作人员和协助处理化学泄漏事故。GIS 服务借助 ERP 工具能够更准确地了解事故涉及人员的住址，并且计算这些人员到达事故地点的时间，以便于更合理地分配资源；同时避开事故地点下风向有潜在危险的区域。在这种例子中，地理信息系统服务拓展了 ERP 系统的价值，提供了更加及时和有效的应急反应。

支持地理空间 SOA 的一些常见服务包括二维地图服务（交通、人口、地理环境及资产地图/三维地球模型）、定位服务（地理编码和地名）、地理处理服务（选址模型、传播/汇聚模型、网络分析、栅格分析及图像处理等），以及数据管理服务（复制、数据输入/输出、空间提取、转换和加载及目录服务等）。共享这些地理信息系统服务，可以增强企业已有的业务系统和支持企业范围内的协同计算。图 5-4 所示为基于 SOA 的 GIS 概念视图。

使用 SOA 各组织可以将地理信息系统集成到其现有的工作流程中，提供开放式访问通用的地理空间数据、服务和应用来解决目前面临的各种挑战。

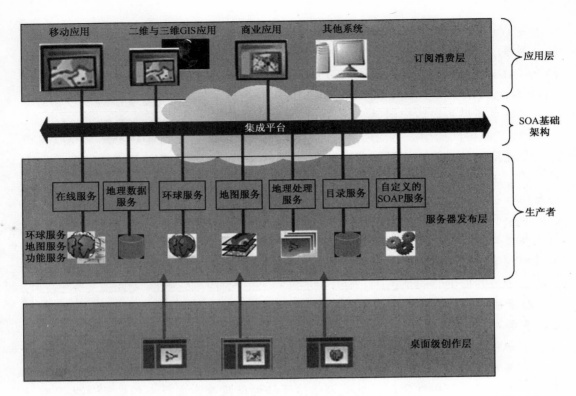

图 5-4　基于 SOA 的 GIS 概念视图

5.2.3　SOA 与 Web Services

Web Services 的概念体系基于面向服务架构，是实现 SOA 的一种技术集合，但并不是唯一的实现方式。可将其视为一种实现 SOA 的技术体系，包括一系列基于 XML 的技术规范。已经制订并被广泛采用的标准包括服务描述语言（WSDL）；通用描述、发现和集成（UDDI），以及简单对象访问协议。WSDL 用于描述服务，UDDI 用于发布和查找服务，SOAP 用于访问和绑定操作服务。通过 WSDL、UDDI 和 SOAP 实现 Web Services 的发现、绑定和执行，即实现 SOA 定义的服务模式。

Web Services 已具备了 SOA 的大多数特性，如支持动态绑定、自包含、松散耦合和模块化等。虽然它支持许多 SOA 的概念，但并没有全部实现。例如，Web Services 尚未支持 SOA 中的服务契约概念，而且没有正式关于服务质量层次的规范；此外，如果服务消费者已知服务的地址和契约，即可直接执行服务，而不必通过服务注册中心获得地址和契约信息。但是实际上许多已实现的 Web Services 并没有在注册中心注册。所以通过 Web Services 实现的 SOA 程度有很大不同，但其在不断发展变化中必会使 SOA 的概念模型逐步实现，甚至扩展。

事实上，Web Services 已经实现了对 SOA 的某些扩展。例如，业务流程执行语言 BPEL4WS 也逐渐成为 Web Services 业务流程的标准。其他规范和协议（如关于安全和事务管理）正在制订和发展之中。SOA 是一种独立于技术的软件架构，其中所有的功能都是相互独立的服务模块，通过完备定义的接口相互联系。只要按照一定的顺序来请求这些功能模块所提供的服务，就可以形成完整的业务流程。Web Services 的出现和发展为 SOA 的应用提供了一种标准，该标准基于 XML，容易为服务生产者和服务消费者接受，使 Web Services 得到快速发展和应用。

5.2.4 空间信息服务及其参考模型

1. 空间信息服务

空间信息服务是以 GIS 为代表的空间信息技术、分布式计算技术和网络技术飞速发展并有机结合的产物，是在空间信息框架基础上集成多元化的公共及专题信息。它将地理信息与公共服务信息相结合，从不同层次和不同角度为不同需求的用户提供及时、可靠的信息服务，从而满足各种综合性、区域性、商业性和专题性的分析决策需要。空间信息服务提供给用户的是空间信息重点在服务，它以网络/网格为运行平台，改变了 GIS 的设计和应用模式，是 GIS 的继承与升华。空间信息服务可以为公众、企业和政府提供在线的个性化空间数据服务和空间处理服务等，从而形成了一种以网络/网格为中心的全新的商业服务模式。技术发展和应用需求的双重驱动，使得从有形的地理信息系统到无形的空间信息服务成为必然的发展趋势。

空间信息服务的特点如下。

（1）空间信息服务的分布性，即数据的分布性和应用的分布式设计。分布式的应用设计能够针对用户应用需求运行网上相应的组件，实现网络和计算机资源的最佳配置和调用。地理信息系统是一个有形的完整的软件系统，空间信息服务是无形且全分布式的。空间数据与空间处理模块无所不在地分布在网络/网格中，空间信息应用系统可以动态组织并按需组合服务。

（2）空间信息服务的联合性，指利用 Internet 技术在全球范围内实现空间信息的共享，其中包括不同来源、不同地域且相对独立的空间数据库之间的连接。

Web 服务技术使得空间信息服务具有灵活的体系结构，能够在系统之间实现互操作。但是面对计算或者数据密集型的空间信息应用，如海量分布式空间信息的搜索和影像处理服务，还是显得无能为力；另外应对大量的用户并发访问，无法提供快捷的服务，即缺乏有效集群和负载均衡、多用户协同空间操作的能力，而且空间信息服务缺乏移动服务的能力。

网格技术的出现为空间信息服务领域解决这些问题，实现空间信息资源的大规模共享提供了最佳的技术手段。网格技术的发展改变了资源的使用方式，它将网格中的每一个物理和逻辑实体都抽象为服务，而网格是可扩展的服务的集合。这种抽象的统一资源、信息和数据等，十分有利于灵活、一致和动态的共享机制的实现，使得网格化实体的管理有了标准的接口和行为。网格使得数据资源使用虚拟化，网格组件能够紧密集成，而不必考虑资源的位置、结构及分布等属性，增强了系统功能组合的灵活性。通过服务虚拟化，可以将不同应用领域的服务作为组件重新组合，以适应不同层次的需求。

空间信息服务的研究可以追溯到 20 世纪 90 年初期发起的 OpenGIS 运动。1993年，美国多个联邦机构和商业组织在一次有关"网络环境下访问异质空间数据及处理资源"的会议上首次提出了 OpenGIS 的概念体系。1994 年，非营利性组织 OpenGIS联盟（OpenGIS Consortium，OGC）成立，它致力于空间信息共享与互操作，专门发展 OpenGIS 规范。该规范的前身是开放空间数据互操作规范（Open Geodata Interoperatablity Specification，OGIS），其主要目标是使用户能开发出基于分布式计算技术的标准化公共接口，将空间数据和空间处理资源完全集成到主流计算中，实现可互操作且商品化的空间数据处理与分析的软件系统，并使之在全球信息基础设施上得到广泛的应用。

将网格与空间信息服务相结合以实现网格化的空间信息服务，是实现空间数据共享与应用，满足多层次和多样化空间信息需求的实用且可行的解决方案。目前网格空间信息服务尚处于起步阶段，基于网格技术研究分布式空间信息的存储、共享及分布式空间处理服务有着广阔的发展前景。发展网格空间信息服务技术能推动我国空间信息资源的共享与应用，也是提升我国空间信息技术国际地位的一个重要契机。

2．OGC 空间信息服务

OGC 是国际上较早系统研究空间信息服务的理论和技术的机构，它通过消除空间信息的语义、模型、结构和软件实现等方面的差异性，为实现空间信息共享与互操作提供了标准和规范（主要由如下 3 个部分构成）。

（1）开放空间数据模型（Open Geodata Model，OGM）：将现实世界中所有地理元素抽象为实体和现象，分别用要素（Feature）和覆盖（Coverage）来表示。要素侧重于实体的范围、语义和几何属性；而覆盖从要素中产生出来，侧重于每点的值。OGM 可支持的对象还有点、线、面和体等几何体，分别用 0、1、2 和 3 维拓扑来表示。

（2）OGIS 服务模型（Service Model）：定义空间数据服务的对象模型，由一组可互操作的软件组件组成，为访问要素提供对象管理、获取、操作和交换等服务设施。

（3）信息群模型（Information Communities Model）：解决具有统一的 OGM 及语义描述机制的一个信息部门内部，以及具有不同 OGM 及语义描述的信息部门之间的空间数据共享问题，主要采用语义转换方法实现语义互操作。

1995 年，OGC 发布了《OpenGIS 指南》（第 3 版），在 OGIS 服务模型的基础上提出了面向功能互操作的 OpenGIS 服务体系结构规范作为 OpenGIS 规范的第 12 专题。在网络和分布式计算技术飞速发展的背景下，正是由于 OpenGIS 运动的有力驱动，才使得以数据互操作和功能互操作为主要特征的空间信息服务应运而生。随着

Web 服务概念的提出，OGC 成立了 OGC Web Services 启动项目，基于 OpenGIS 抽象概念模型和 Web 服务这一规范平台，进行互操作性的研究。它研究利用 Web Services 及相关技术实现 GIS 之间的互操作性，希望提出一个可进化、基于各种标准并能无缝集成各种空间信息服务的框架，即 OWS（OGC Web Services）。OWS 提供了一个以服务为中心的互操作框架，支持多种在线地理空间数据源、传感器信息和地理信息处理功能的基于服务的发现、访问、集成、分析和利用。它构建了一个网络连接的地理信息服务的支撑框架，可以使得这些服务连接成动态、开放和互操作的服务链，从而创建动态的服务组合应用，使得分布式空间处理系统能够通过 XML 和 HTTP 技术交互，并为各种在线空间数据资源、来自遥感器的信息、空间处理服务和位置服务，以及基于 Web 的发现、访问、整合、分析、利用和可视化提供互操作框架。

3．OWS 服务的抽象模型

OWS 中涉及很多基本服务和数据的构建模块（构件），其抽象模型如图 5-5 所示。

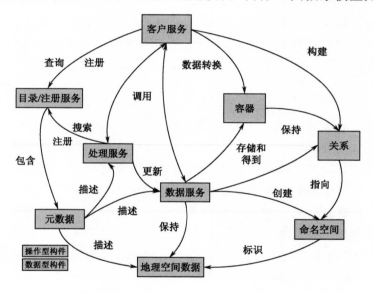

图 5-5 OWS 服务的抽象模型

其中的构件可以分为两类，一类是操作型构件，另一类是数据型构件。通常情况下，操作型构件将在数据型构件的基础上完成相应的操作。

操作型构件主要包括如下服务。

（1）客户服务：能够与用户及 Open GIS 服务框架中的服务交互的应用程序构件，如阅读器或编辑器。客户服务是主要的用户界面应用程序构件，能够提供底层数据和操作的视图，并为用户提供相应的方法以控制这些数据和操作。

（2）目录与注册服务：能够提供访问目录和注册库的服务，这些目录或注册库由一系列的元数据和类型所组成。目录包含数据集和服务实例的有关信息；目录服务则提供了一个相应的搜索操作，能够返回数据集和服务实例的元数据或名称。注册记录则包含了类型（Types）的有关信息，这些类型由众所周知的词汇定义。注册服务也实现了一种搜索操作，能够返回类型的元数据或者名称。

（3）应用服务（处理服务）：能够对空间数据执行某些操作，并提供增值服务的基本应用服务构建模块。应用服务通常都有一个或多个输入在对数据实施增值性操作之后产生相应的输出，该服务能够转换、合并或者创建数据，既可以和数据服务紧密绑定，也可以与数据服务建立松散型的关联模式。

（4）数据服务：能够提供 OWS 中数据，特别是空间数据的基本服务构建模块，实现对数据集的访问。通过数据服务插入的资源通常都会有一个名称，通过该名称数据服务将能够找到该资源数据。服务通常都通过维护索引来提高通过数据项的名称或者其他属性来找到相应数据项的速度，OGC 中的 Web 地图服务（Web Map Service，WMS）、Web 要素服务（Web Feature Service，WFS）和 Web 图像服务（Web Coverage Service）都属于数据服务。

数据型构件主要包括如下部分。

（1）数据：描述事物的信息或者仅仅是简单的信息，能够创建、保存、操作、删除及浏览等。其中可以有元数据，这是另一类数据。

（2）元数据：用于描述数据的数据，其中资源（Resource）或资源类型（Resource Type）的元数据可以保存在目录或者注册库中。如果目录或者注册库中包括多种不同资源或者资源类型的元数据记录，则能够通过这些元数据发现并利用相应的资源和资源类型。

（3）命名空间：一种标识。目前已经有多种命名模式，而最有名的则是 WWW 和 URL。只有知道了能够使某个名称有效的环境（命名空间），该名称才有意义。如果一个数据项存储在仓库（可通过数据服务访问）中，则该数据项可以被赋予一个能够在该仓库中显得有意义的名称。如果该仓库自身也拥有一个名称，则这两个名称联合起来将有助于找到该数据项。

（4）联系：如果某两个信息元素之间有连接，则认为二者之间建立了某种关联（Relationships）。联系既可以是 www 超链接这样的简单连接，也可以是由多个元素构成的复杂关联，其连接的对象通常是已命名的元素。

（5）容器（Container）：指数据集或者 Web 内容中的一个已经编码并能够传输的形式。容器有命名空间模式和协议，OGC 已经开发了两个相关的协议，即 LOF（Location Organizer Folders）和 XIMA（XML for Imagery and Map Annotations），二者均建立在 GML 的基础上。

5.3 警用地理信息共享与服务平台总体框架

5.3.1 总体技术框架

警用地理信息呈现分布式特点，其中基础地理数据需要向测绘相关部门购买，而警用业务地理数据主要分散于各个相关业务部门。从地理信息数据的组织和存储的角度来看，最经济、最省力、最快捷和最高效的方式就是制订统一的警用地理信息规范，包括数据分类分层规范、数据编码规范、制图规范及元数据规范等，在此基础上分布式存储数据。相关业务部门建立警用业务地理信息数据库，市局成立相应的管理部门建立基础地理数据库，市局和相关业务部门通过共享接口共享和交换数据。

警用地理信息不仅要实现横向共享的需求，还要满足纵向共享的需求，即实现跨部门、跨区域和跨平台共享。因此，如何解决分布式共享是设计警用地理信息共享方案的核心和主要考虑的因素。

SOA 技术是新一代的地理信息共享技术，能够通过网络来描述、发布、定位并调用地理信息服务，从而让分布在不同区域和部门的地理信息实现共享。基于 SOA 技术的地理信息共享，解决了当前地理信息共享中存在的数据异构、平台差异和数据分散等问题，从真正意义上实现了数据共享和功能共享。

以 SOA 技术为架构并以 Web 服务实现地理信息共享有如下优势。

（1）GIS Web 服务可以改变 GIS 开发、访问和使用的方式，使得地理信息数据和功能的共享更加容易。用户通过 GIS Web 服务访问 GIS 数据和功能，并且将其集成到自己的系统和应用中，而不需要额外开发特定的 GIS 工具或数据。

（2）GIS Web 服务基于统一开放的互操作标准，该标准采用 XML 技术描述，允许数据及命令在不同系统中传输和使用。不论采取何种开发语言和操作系统，均可采用统一的服务开发。

（3）引入 GIS Web 服务可以实现业务系统高度流程化和服务自动更新，利用 Web 服务可以有效地开展一个工作过程的组织和应用，并可以调用最新的数据和程序，无须更改软件系统。

因此根据警用地理信息的特点及其共享需求，"数据分布式存储、服务集中管理，以 SOA 为架构并基于 OGC Web 服务实现"的警用地理信息共享方案更符合需求及当前技术发展趋势。

警用地理信息共享服务的体系结构如图 5-6 所示。其中，WMS/WFS 服务主要用来实现同级各警用业务部门之间的地理信息共享，实现警用地理信息的横向共享；空间信息联网服务将每个市发布的 Web 服务进行远程注册，利用全局空间索引、图像融合及 GML 解析等技术实现警用地理信息共享平台与上级（省级）地理信息共享平台的数据提取、传输与共享，实现警用地理信息的纵向共享。

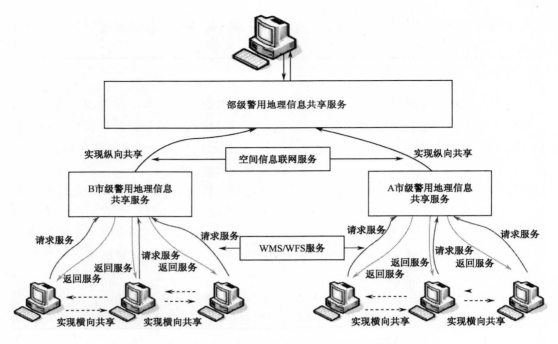

图 5-6　警用地理信息共享服务的体系结构

WMS/WFS 服务由中心节点和分支节点两部分组成,中心节点是警用地理信息共享服务的管理中心,由市公安局负责基础地理信息的存储与维护,以及各分局业务地图数据的注册、管理和查询及用户权限的管理等。

WMS/WFS 服务的分支节点是警用业务地理信息存储中心,由各分局和派出所等警用业务数据管理单位组成。分支节点的功能较为简单,主要是整理本单位的专题数据并符号化等,然后以 OGC 标准服务(包括 WMS、WFS 和 WCS 等)形式发布。

5.3.2　平台部署架构

在多级业务系统中系统的部署架构对系统的运行效率有非常重要的作用,部署架构从应用系统出发,综合考虑技术需求、系统功能需求和非功能性需求为物理集成提供参考依据。逻辑部署架构并不能完全决策物理部署架构,因为后者要综合考虑预算、原有 IT 资源及系统扩展需要等制约因素,但逻辑部署架构是物理部署架构设计的最重要的输入件之一。

根据目前我国各级公安机关对地理信息的需求及建设现状,以及本章所建议的警用地理信息共享与服务平台技术架构,提出如图 5-7 所示的警用地理信息共享平台的多级部署架构。

总体上,各级共享平台均以展现服务、应用服务及数据服务为核心。在部署架构中基本的部署配置包括服务器(门户应用、业务应用及数据交换等)和存储网络等。在市级或县级共享平台还可与信息采集单位对接,获取、处理并存储采集得来的警用地理信息。考虑到警用地理信息系统同时还会用到其他政务数据，所以在市级和区县级的共享平台中可预留与政务空间数据共享平台的接口。

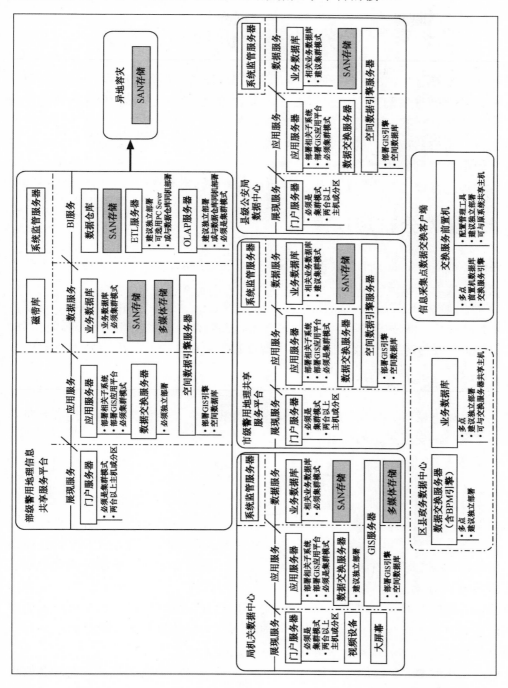

图 5-7 警用地理信息共享平台的多级部署架构

第6章 警务时空分析模型与技术

随着社会经济的发展，同犯罪的斗争越来越激烈，犯罪形式日益复杂多变。如何使有限的警力得到有效利用，如何采取行之有效的对策对热点地区及其相邻地区进行警务干预，如何依据一个时期的犯罪数据预测出下一时期的犯罪情况，如何把握警方控制力与治安状况形成的关系等，均成为公安工作中十分重要的内容。将警务时空分析模型运用到警力部署和社会治安管理等警务工作中，将有利于最大限度地发挥警力优势，有效地支持警务决策工作和打击各种违法犯罪，保障社会安全。

6.1 警力分布规划模型

规划模型是运筹学的一个重要部分，是科学、工程和管理领域广泛应用的数学模型。为各种管理活动提供模型化和数量化的科学方法（这些方法主要是优化方法及决策方法），能够解决许多技术领域的最优化问题。规划模型主要包括线性规划、非线性规划和 0-1 规划等，将这些模型运用到警力部署、安全警卫和治安管理等警务工作中，在警力和财力有限的情况下能够更加合理地调度管理，最大限度地发挥警力优势。

6.1.1 问题的提出

某市公安局将城市划分为 11 个治安辖区，并设置 4 个治安巡逻站，图 6-1 所示为各治安辖区与治安巡逻站的位置。

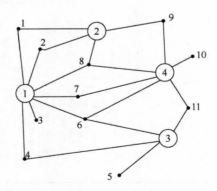

图 6-1 治安辖区与治安巡逻站的位置

其中①～④表示 4 个治安巡逻站，1～11 则表示 11 个治安辖区。各治安巡逻站可在事先规定的允许时间内，对所负责地区的案件（事件）予以处理。图中的实线表示治安巡逻站负责哪些辖区，没有实线的则表示不负责，问题是能否在减少治安巡逻站个数的同时保证各辖区治安任务的完成。

6.1.2 分析问题

在图 6-1 中，如果在关闭某治安巡逻站的同时，仍然能完成其管辖区的治安任务。即达到治安巡逻效果，则满足所提出的要求。这是一个 0-1 规划问题，即决策变量 X_j（$j=1,2,\cdots,n$）只取 0 或 1 两个值，称其模型为"0-1 规划模型"。

6.1.3 模型的求解

0-1 规划问题通常采取隐枚举法求解，解题步骤如下。

（1）参照目标函数的排列顺序列出问题所有可能取到的点，并检查是否可行。若可行，则算出相应的目标函数值。

（2）比较可行解的目标函数值，找出最优解和最优值。

为每一个治安巡逻站定义一个 0-1 变量 X_j。

令

$$x_j = \begin{cases} 1, & \text{当治安辖区由第}j\text{站负责时} \\ 0, & \text{其他} \end{cases}$$，（其中 $j=1$，2，3，4）

然后为每一个巡逻区域列一个约束条件，如式（6-1）所示。

有

$$\min z = \sum_{j=1}^{4} x_j \tag{6-1}$$

$$x_1 + x_2 \geq 1 \tag{6-2}$$

$$x_1 \geq 1 \tag{6-3}$$

$$x_1 + x_3 \geq 1 \tag{6-4}$$

$$x_3 \geq 1 \tag{6-5}$$

$$x_1 + x_3 + x_4 \geq 1 \tag{6-6}$$

$$x_1 + x_4 \geq 1 \tag{6-7}$$

$$x_1 + x_2 + x_4 \geq 1 \tag{6-8}$$

$$x_2 + x_4 \geq 1 \tag{6-9}$$

$$x_4 \geq 1 \tag{6-10}$$

$$x_3 + x_4 \geq 1 \tag{6-11}$$

由式（6-3）、式（6-5）和式（6-10）判定 x_1、x_3 和 $x_4=1$，得到（1，0，1，1）^{T} 为可行解：$\min z=3$ 增加约束条件，如式（6-12）所示。

$$x_1 + x_2 + x_3 + x_4 \leq 3 \tag{6-12}$$

模型计算过程如表 6-1 所示，得出结论 x_2 可取为 0，即取消第 2 号巡逻站仍能完成原定治安要求。

表 6-1　模型计算结果

点 (x_1, x_2, x_3, x_4)	约束条件											z 值
	（12）	（2）	（3）	（4）	（5）	（6）	（7）	（8）	（9）	（10）	（11）	
0,0,0,0	v	x										
0,0,0,1	v	x										
0,0,1,0	v	x										
0,0,1,1	v	x										
0,1,0,0	v	v	x									
0,1,0,1	v	v	x									
0,1,1,0	v	v	x									
0,1,1,1	v	v	x									
1,0,0,0	v	v	v	x								
1,0,0,1	v	v	v	v	x							
1,0,1,0	v	v		v		v	v	v	x			
1,0,1,1	v	v	v	v	v	v	v	v	v	v	v	3
1,1,0,0	v	v	v	v	x							
1,1,0,1	v	v	v	v	x							
1,1,1,0	v	v	v	v	v	v	v	v	v	x		
1,1,1,1	x											

6.1.4　模型的推广

上述 0-1 规划模型在消防辖区或交警辖区等警力部署时同样适用，根据问题的不同可采用线性或非线性规划模型为问题建模。例如，用户可以从电子地图上查看各警种警力的部署情况，使用颜色分级表示，并进行合理的警力调度管理；统计某一时期犯罪情况、交通流量和灾情，并在电子地图上以柱状图或饼状图表示。这样可以在案件或灾情发生之前采取防范措施，并提供决策分析功能。

6.2　警力联合调度模型

快速出警是防范和打击严重危害国家安全和社会治安秩序案件的基础。警力联合调度主要是通过对案发地点附近标志性建筑物的描述在地图上进行模糊查询，然后显示准确区域，确定具体位置；或根据报警电话直接定位事件发生地，通过分析计算出最优的出警路线。

6.2.1　明确问题

为了辅助出警决策，需要根据案发地点及周围情况分析辖区警力部署及出警路线，并进行预案调度。其中涉及的问题如下：

（1）出事地点的准确定位和周围建筑信息（地址匹配）；

（2）附近警力和装备部署详细情况（缓冲区分析）；

（3）路径分析；

（4）出警方案比较。

6.2.2 数据准备

需要准备 3 类数据：城市道路图（如城市主干道和支干道等）；案发周围区域内的建筑物分布图及相关信息；辖区警力与装备部署图。

6.2.3 数据操作

首先选择城市主干道或支干道等与道路相关的图层，标准化后叠加权重，生成一个新的现状道路图层。

其次选择案发或出事地点，根据围堵或疏散半径建立出事地点的缓冲区，显示缓冲区中的所有建筑信息。

最后显示案发或出事地点附近警力与装备部署详细情况。

6.2.4 路径分析与决策

根据案发或出事地点附近警力与装备部署详细情况，以及现状道路图层，使用 Dijkstra 算法计算最短出警路线及其他可选方案，并对方案进行辅助分析。

6.2.5 输出分析结果

将分析结果以地图和表格的形式打印输出，帮助决策部门快速下发警情，联合调度附近警力应对案件。

6.3 犯罪地理分析模型与方法

6.3.1 犯罪地理空间分布研究

犯罪地理空间分布研究的主要目的在于分析犯罪的时空分布模式和规律，发现犯罪高发区和高发点。

犯罪地理空间分布研究大致经历了 4 个主要阶段，即：19 世纪的制图学派，20世纪 20 年代和 30 年代的芝加哥生态学派，20 世纪 50 年代和 60 年代的因子分析学派，以及近年来的环境犯罪学和犯罪地理学。20 世纪 70 年代犯罪地理学发展为地理学的一个分支学科，研究犯罪的空间分布模式和生态环境，其方法论源于地理学派。

目前针对城市犯罪空间分布的研究主要有如下 3 个空间尺度。

（1）从宏观的层面，即从整个城市或区域来分析犯罪的空间分布特征，这一层面的研究有助于发现城市中的犯罪高发区。

（2）从中观层面，即从街道层面研究。国内的实证研究多为此层面，因为国内的犯罪数据多以街道为统计单元。

（3）从微观层面，即城市中某个具体环境范围内的犯罪空间分布特征，这一层面的研究可以提取犯罪高发点，有利于采取针对性较强的措施。例如，A. L. Nelson 等对英国城市中心的暴力犯罪和行为的微观时空模式研究确定案件高发场所；William V. Ackerman 等对美国俄亥俄州 Lima 市的犯罪空间模式进行评估，分离出社区中精确的"问题地点"。

6.3.2　犯罪与地理环境因素的关系概述

地理环境包括自然地理环境、经济地理环境和社会文化环境，犯罪行为在不同的地理环境中会呈现出与之相适应的地理规律性。从犯罪地理学的角度出发，利用地理学、犯罪学与地理信息技术的有机结合，通过系统地研究犯罪行为与地理环境因素的关系揭示犯罪的地理空间分布规律，为有效地预防犯罪及案件侦破提供科学依据。

从犯罪的空间分布规律中可以看出犯罪的发生通常与经济和社会环境因素具有更为密切的关系，主要因子包括社会经济因子、人口因子、土地因子及其他空间环境因子。早期的犯罪与地理环境因素关系研究多为在描述性研究基础上的定性分析，随着计算机技术的发展，地理信息系统（GIS）技术和统计分析方法为犯罪与地理环境因素间关系的研究提供了更加精确的量化手段，因此被广泛地应用于此类研究中。

6.3.3　犯罪地理分析模型

犯罪地理空间分析模型主要包括犯罪热点区域（Hotspot）分布模型、犯罪环境相关分析模型和犯罪空间预测模型。

1）犯罪热点区域分布模型

犯罪热点区域是指在一定时期内犯罪现象高度集中的区域，在此范围内某些特定的物品、人群和营业场所等对象所遭受的犯罪行为远远多于其他对象，被定为犯罪热点对象。犯罪的地理空间分布在地图上的表现形式分为 3 个层次，即点集、线集和面集，不同层次上的案例类型具有一定的特性。

犯罪热点区域分布模型是在筛选出符合一定特征准则的案件基础上对其进行统计分析，研究犯罪发生的分布规律；同时也可通过将犯罪热点和某种特定社区特征的热点地区进行叠合分析等手段，研究犯罪热点地区的地理和社区特征并找出其成为犯罪热点的原因。最后将分析所得结果制成相应的犯罪信息专题图，帮助有关部门掌握犯罪事件的发展变化规律及其原因，从而制订并采取行之有效的对策，对热点地区及其相邻地区进行警务干预，以加强犯罪环境防控并减少犯罪。

2）犯罪环境相关分析模型

犯罪环境相关分析模型是通过回归分析对与犯罪具有相关关系的环境因素所建立的回归模型。该模型用来描述犯罪与环境因素之间的变动关系，前者为因变量，后者为自变量。环境因素复杂多样，模型无法涉及所有因素。通常在考虑犯罪数据可靠程度的基础上，选取刑事案件密度作为因变量，各区同期人口密度、各区同期外来人口密度、就业密度、各区同期办公建筑容积率及零售业与餐饮业活动单位密度为自变量，通过此模型探索犯罪与自然和社会环境间的相互关系。

3）犯罪空间预测模型

犯罪空间预测模型通过统计分析犯罪要素的空间不确定性评估并预测其特征规律，包括自协方差结构、变异函数、自协变量或局部变量相似性等。基于细胞自动机（CA）和日常行为理论（RA）的犯罪传播模型应用较为广泛，该模型可以计算出地图范围内任意地理单元格内犯罪事件的发生概率。日常行为理论包括罪犯、犯罪目标和犯罪地点 3 个要素，它们之间是相互联系和相互制约的，并且在时空尺度上传播，依据一个时期的犯罪数据可以预测出下一个时期的犯罪情况。RA/CA 犯罪预测模型的流程如图 6-2 所示。

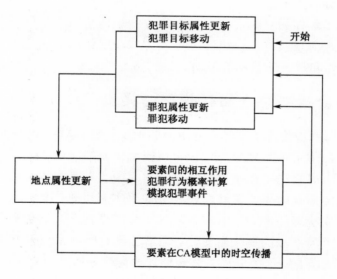

图 6-2　RA/CA 犯罪预测模型的流程

Liang、Liu 和 Eck 使用 Visual C++编写程序，使 RA/CA 模型得以实现，通过程序推演对 1997 年辛辛那提市部分街区的犯罪情况，之后使用真实的犯罪数据校准推演结果。可以看出，预测的犯罪数量及空间分布与真实的犯罪情况非常接近，如图 6-3 和图 6-4 所示。

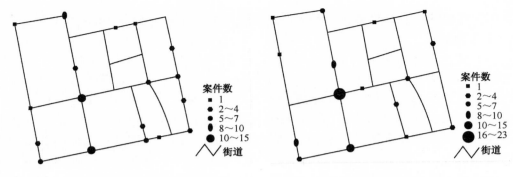

图 6-3　某时期实际的街道抢劫空间分布　　　图 6-4　预测的街道抢劫空间分布

6.4　社会治安时空分析模型

社会治安评估是公安业务的一项基础性工作，是社会发展水平评价的一个重要组成部分。社会治安问题是一个地区各类矛盾的综合反映，主要表现形式是各种犯罪现象。随着当前社会经济的发展和城市人口的增加，犯罪形式呈现出复杂多变的趋势。在警力和财力投入非常有限的情况下，要有效地帮助相关部门的决策者对社会治安做出一个相对比较全面客观的评价，并从中找出对社会治安影响较大的关键因素，为此需要在警用地理信息系统中引入社会治安时空分析模型。该模型能够反映一个地区某一单类案件的变化情况和社会治安的整体情况。将社会治安时空分析模型应用于警用地理信息系统，研究警方控制力与治安状况形成的关系，可以有效地支持警务决策工作和打击违法犯罪活动，做到防患于未然。

6.4.1　社会治安综合指数模型的提出

以往通常采用单指数模型反映一个地区的治安状况，该模型按案发特点将案件分为若干类别（或若干子类）后分别统计。该模型反映情况全面，但在反映问题的整个情况或趋势时不够直观。社会治安综合指数模型主要是应用社会矛盾的各个方面对社会治安状况的影响结果，即通过各种案件事实来反映社会治安状况，将各种案件事实对社会治安状况的综合影响定量表示。该模型能够反映当前治安状况的平均水平，并随各个单项指标的变化而变化。总体上可以客观且直观地衡量某行政区社会治安状况的变化，有助于公安机关客观地评价警控效能。

6.4.2　社会治安综合指数模型的特点

社会治安综合指数模型的特点如下：

（1）计算综合指数的主要目的是对某地综合状况的定量表示，综合指数应具有可比性，而且之间的比较不应受案件种类和个数多少的限制；

（2）模型应该准确地反映各种案件的超标情况，当所有案件均未超标时综合指数值也不应超标；

（3）综合指数值要突出大于 1 的分指数，即超标分指数的作用；

（4）综合指数值应能表示分指数权数的差异；

（5）模型与最大超标分指数密切相关；

（6）考虑到实际应用，模型的计算应简便易行。

总体上，社会治安综合指数模型不仅能够准确地反映特定区域的整体状况，而且还要便于使用。

6.4.3　确定综合指数模型的权重

不同地区的案件构成因地区经济、地理状况、人口和社会习俗等差异而具有特殊性，各类案件在不同地区对社会治安状况的影响不同。通常用不同案件对治安状况的破坏程度度量某个地区不同案件对治安状况影响的差异，即单个指标的权重。

1．确定指标权重的方法

指标权重表征某一指标在综合治安评估中的重要程度，是综合治安指数模型的重要组成部分，科学地确定评价指标权重在综合治安评估中举足轻重。权重的确立直接影响着模型计算的结果，权重值的变动可能引起被评价对象优劣顺序的改变。

根据指标数据来源的不同，确定权重的常用方法主要有客观赋权法和主观赋权法。客观赋权法根据指标数据的变动规律所提供的信息从不同角度计算，其突出优点是客观性强；但它基于数据且在赋权过程中没有充分考虑指标本身的相对重要程度，具有与实际不符的缺陷。

主观赋权法是基于评价者所掌握的知识主观地反映指标重要性的方法，该方法的研究目前比较成熟。这种方法的共同特点是各评价指标的权重由专家根据自己的经验和对实际的判断给出，选取的专家不同，得出的权重系数也不同。该方法的优点是专家可根据实际问题较为合理地确定各指标之间的排序；其不足是主观随意性大，往往使评价结果不能完全反映研究对象的真实情况。

根据特定区域的社会治安评估特点，完全采用客观定量分析方法难以反映当地社会治安的真实水平，所以专家的经验和理性判断对各指标权重的确定起着比较重要的作用。为防止使用单一主观赋权法所得权重的重要程度排序与实际情况不符，可以分别采用专家调查法和层次分析法（Analytic Hierarchy Process，AHP）得出两套权重的重要程度排序结果，比较两套结果是否一致。若一致，则可利用得到的一致权重重要程度排序结果；若不一致，则需重新调整上述两种方法，直到一致为止。这样可以在很大程度上提高主观赋权法重要程度排序的准确性，但其耗费的时间和费用较大，因此本书采用专家调查法和层次分析法相结合的方法来确定权重。首先用专家调查法来确定指标的排序，然后以此为基础获得 AHP 法的判断矩阵，进而计算得出指标的权重。在较少费用和较短时间内得到较高准确性的指标权重，并且尽可能地消除主观赋权法的缺陷。

1）专家调查法

专家调查法又名"德尔菲法"，这是一种主要依靠人的经验、知识及综合分析能力的直观型预测方法。该方法简便易行，定性分析与定量分析相结合能客观地综合专家经验。通过组织专家为各因子权重打分，并根据反馈概率估算结果，再进行第 2 轮和第 3 轮打分，使其数值逐渐收敛，并最终趋于协调，从而得到符合实际的指标权重判断。

在社会治安评估指标权重问卷调查时，排序各个指标可以近似地得出各个指标对治安状况影响的大小顺序。在设计调查问卷时向专家说明排序的依据是过去一年案件总体对治安状况的影响，并非单个案件比较，经过两三轮打分得到指标的近似权重。

2）层次分析法

层次分析法是一种实用的多准则评价方法，它综合定性和定量分析方法模拟人的决策思维过程，利用层层分解的方法使复杂问题变得简洁明确。与其他方法相比较，该方法能够对难以定量描述的系统进行科学分析，具有思路清晰、方法简便和实用性强等优点，最适合那些难以完全用定量方法分析的多因素、多目标和多准则的复杂系统。例如，处理社会经济问题。自美国学者 T. L. Saaty 于 20 世纪 70 年代提出层次分析法以来，以其定性与定量相结合处理各种评价因素的特点及其系统、灵活和简洁的优点受到了国内外极大的关注，并广泛应用于社会经济系统、土地规划和评价等领域的决策分析。层次分析法主要集中在两个方面：一是多属性无序结构的有序化；二是在多准则条件下确定多属性群体中元素的综合评价指标体系。它不仅仅为了排序，而是将权数作为量化的指标评价。

2. 确定权重的流程

确定权重的流程如下：

（1）采用专家调查法从某市公安局选取合适的调查对象，让专家分别对各级指标进行排序。经过与专家的反复反馈得到各级指标基本一致的排序，并将所求得的权值作为参考。

（2）以最近一年内所发生的各类案件总量为基准，通过问卷调查表的方式获取各类案件总量对综合治安状况影响的相对重要程度。

对比内容包括一级指标（刑事案件数、治安案件数、交通事故数、火灾事故数和群体性案件数）之间的比较和二级指标（刑事案件和治安案件子指标）之间的比较，由专家就最近一年内发生的各种案件的总量为社会综合治安状况的影响程度不同打分。

（3）根据返回的调查问卷及第（1）步的结果得到判断矩阵。

（4）根据一致性检验结果计算各层权重。

（5）根据各层权重得到指标结构图中各叶子指标对于特定区域社会治安综合状况的相对权重 $W=(w_1,w_2,\cdots,w_n)$，其计算方法如下：

$$W_i = \prod_{k=1}^{n} w_k$$

其中，W_i 为指标结构图中自左向右第 i 片叶子指标；k 为当前叶子指标在结构中所处的深度；w_k 表示第 k 片叶子指标的各层父指标在各层中的权重。

（6）提交相关领导确认修正。

根据实际情况，经过一段时间重新执行上述步骤调整权重，并将结果提交相关领导确认修正。

以上流程如图 6-5 所示。

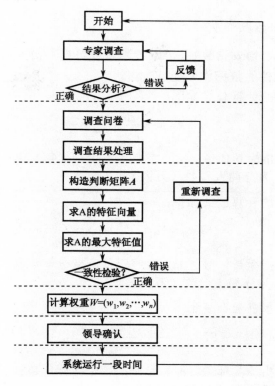

图 6-5　权重确定流程

6.4.4　社会治安综合指数模型的计算

社会治安综合指数模型的计算包括如下方面。

1）市域综合治安指数模型的计算

结合某市现有治安数据的特点选定一个参照年，期间各种案件的数据作为基准数据。

全市年综合治安指数的计算公式如下：

$$EVA_{年} = \frac{a_m}{R_{市} w_m} \sum_{i=1}^{n} w_i \frac{x_i}{a_i}$$

其中，x_i 为评估年的指标具体值；a_i 为参照年各个指标年数据；a_m 和 w_m 为折合指标的年具体数据；$R_{市}$ 为全市人口数（万人）。

全市日综合治安指数的计算公式如下：

$$EVA_{日} = 365 \times \frac{a_m}{R_{市} w_m} \sum_{i=1}^{n} w_i \frac{x_i}{a_i}$$

其中，x_i 为评估日的指标具体值；a_i 为参照年各个指标年数据；a_m、w_m 为折合指标的年具体数据；$R_{市}$ 为全市人口数（万人）。

2）分局综合治安指数模型的计算

在计算分局的综合治安指数时，仍应该以市域综合治安指数模型所选参照年作为参照年，期间各种案件的数据作为基准数据。

年综合治安指数的计算公式如下：

$$EVA_{年} = \frac{R_{分局} a_m}{w_m} \sum_{i=1}^{n} w_i \frac{x_i}{a_i}$$

其中，x_i 为评估年的指标具体值；a_i 为参照年各个指标年数据；a_m 和 w_m 为折合指标的年具体数据；$R_{分局}$ 为分局人口数（万人）。

月综合治安指数的计算公式如下：

$$EVA_{月} = 12 \times \frac{R_{分局} a_m}{w_m} \sum_{i=1}^{n} w_i \frac{x_i}{a_i}$$

其中，x_i 为评估月的指标具体值；a_i 为参照年各个指标年数据；a_m 和 w_m 为折合指标的年具体数据；$R_{分局}$ 为分局人口数（万人）。

周综合治安指数的计算公式如下：

$$EVA_{周} = \frac{365}{7} \times \frac{R_{分局} a_m}{w_m} \sum_{i=1}^{n} w_i \frac{x_i}{a_i}$$

其中，x_i 为评估周的指标具体值；a_i 为参照年各个指标年数据；a_m 和 w_m 为折合指标的年具体数据；$R_{分局}$ 为分局人口数（万人）。

日综合治安指数的计算公式如下：

$$EVA_{日} = 365 \times \frac{R_{分局} a_m}{w_m} \sum_{i=1}^{n} w_i \frac{x_i}{a_i}$$

其中，x_i 评估日的指标具体值；a_i 为参照年各个指标年数据；a_m、w_m 为折合指标的年具体数据；$R_{分局}$ 为分局人口数（万人）。

在计算上述综合治安指数时，日、周、月和年综合治安指数在量纲与量级上都是一致的,而且全市和分局在量纲与量级上都是一致的,方便纵向和横向的比较。

在知道了评估期的综合治安指数之后,还要给定相应的阈值来评估当前综合治安状况,相应的方法可以应用单个指标评估阈值的确定。

6.4.5 确定综合治安指数模型的步骤

确定综合治安指数模型的步骤如下:

(1)建立案件分类体系。根据一段时间地区发案特点,选取对当地治安影响最大(市民最关注)的案件类别建立案件分类指标体系。

(2)权重 w 的抽样调查,主要是在公安系统内部抽样。

(3)在抽样调查的基础上按一定的数学理论得到权重的数值,该数值需要经过实践不断修正。

(4)运行结果分析。在已知 a 与 x(系统运行中可获得)的基础上计算 u 值,分析对比不同时期的 u 值与 x 值。根据经验考察 u 值与 x 值(标量与向量)间的相符性和符合程度,必要时适当调整 w 值。

重复步骤(4),直到不需要调整 w 值而得到比较科学的 w 值及综合治安指数值,以上流程如图 6-6 所示。

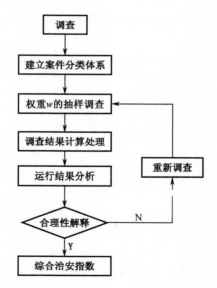

图 6-6 综合治安指数确定流程

6.4.6 实现模型的流程

社会治安综合指数模型实现的流程主要包括如下方面。

1)构建治安评估指标体系

实际调研与理论研究相结合来确定某特定区域社会治安评估指标体系,从某特定区域社会治安的实际状况出发建立合理的社会治安评估指标体系。

2）利用单项指标模型评价单项指标

在社会治安评估指标体系的基础上利用单项指标模型确定每一个指标的变化情况，给出单个案件对于社会治安状况影响的定量描述。

3）分析单项指标评估结果

通过分析单项指标评估结果，确定某特定区域各主要构成案件所处的状态，并找出案件产生的主要原因与社会矛盾，给出相应的解决措施与建议，以利于决策人员调整下一步的工作。

4）确定指标权重

通过专家打分法与层次分析法相结合来确定每一个社会治安评估指标的权重，给出不同案件对于治安状况破坏程度的度量。

5）构建社会治安综合指数模型

在指标权重的基础上构建某特定区域的社会治安综合指数模型，给出整个社会治安状况的定量描述，以确定各主要构成案件对社会治安破坏情况的综合影响。

6）分析模型计算结果

分析社会治安综合指数模型所反映的社会治安状况，以确定社会治安整体状况及其发展趋势，并且深入分析其背后的主要原因与促进其产生的主要社会矛盾，给出今后需要采取的措施和建议，为决策人员提供参考。

某区治安状况的评估流程如图 6-7 所示。

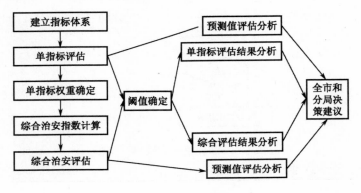

图 6-7　某区治安状况的评估流程

第 7 章 突发公共事件及其分析模型

7.1 突发公共事件概述

《国家突发公共事件总体应急预案》对突发公共事件进行了界定及分类，即突然发生，并造成或者可能造成重大人员伤亡、财产损失、生态环境破坏、严重社会危害和危及公共安全的紧急事件。根据社会危害程度和影响范围等因素，可分为特别重大、重大、较大和一般 4 级。突发事件的构成要素主要有突然暴发、难以预料、必然原因、严重后果及须紧急处理。从不同的维度，按不同类型对突发事件划分如下：

（1）按照成因分为自然性突发事件与社会性突发事件；

（2）按照危害性分为轻度、中度和重度危害；

（3）按照可预测性分为可预测与不可预测的；

（4）按照可防可控性分为可防可控与不可防不可控的；

（5）按照影响范围分为地方性、区域性或国家性、世界性或国际性。

针对突发公共事件的应急系统的建立对于保障公共安全、建设社会主义和谐社会具有特殊重要的现实意义。国家"十一五"规划纲要明确提出了"加强公共安全建设"的重要任务，并强调了加强应急体系建设的重要性。目前国内外在应急响应领域取得了很大的进步，但对应急预案系统的研究才刚刚起步。作为整个系统中最为基础和根本的一环，应急预案对于应急响应的实施具有重要作用。可以将应急预案支持系统作为突破口，在已有预案支持系统的基础上，利用 GIS 及人工智能等先进技术作为支撑，探索应急预案支持系统未来的发展方向。突发公共事件造成的影响并不仅止于人员伤亡与经济损失，造成的间接损失同样不可忽视。如事故灾害发生之后，公众的生活节奏被打乱，公众心理也将会受到巨大冲击。为了降低突发公共事件对社会及个人造成的负面影响，应急管理应运而生。应急管理作为一门新兴学科，目前还没有一个被普遍接受的定义。国内有代表性的计雷等人将应急管理定义为在应对突发事件的过程中，为了降低突发事件的危害，达到优化决策的目的，基于对突发事件的原因、过程及后果进行分析，有效集成各方面的相关资源，对突发事件进行有效预警、控制和处理的过程。

7.2 突发公共卫生事件及其扩散分析模型

7.2.1 概述

突发公共卫生事件（Public Health Emergency，PHE）是指突然发生，并且造成或者可能造成社会公众健康严重损害的重大传染病疫情、群体性不明原因疾病、重大食物和职业中毒，以及其他严重影响公众健康的事件，具体内容如下：

（1）重大传染病疫情，指某种传染病在短时间内发生且波及范围广泛，出现大量的病人或死亡病例，其发病率远远超过常年的发病率水平。

（2）群体性不明原因疾病，指在短时间内某个相对集中的区域内同时或者相继出现具有共同临床表现的患者，并且病例不断增加，范围不断扩大，又暂时不能明确诊断的疾病。

（3）重大食物和职业中毒，指由于食品污染和职业危害的原因而造成的人数众多或者伤亡较重的中毒事件。

（4）其他严重影响公众健康事件，指具有突发事件特征，针对不特定的社会群体，造成或者可能造成社会公众健康严重损害并影响社会稳定的重大事件。

美国 CDC 拟采用的这一定义与我国卫生部的定义比较接近，即造成突发公共卫生事件的原因同样归结为传染病、自然灾害和社会安全事故等几个方面，并强调只有那些对人群可能或已经造成健康危害的事件才能确定为突发公共卫生事件。主要的不同点在于两个定义所强调的出发点不一样，我国的定义把突发或新发传染病作为首要的考虑对象；美国则强调恐怖袭击。这些强调无疑都有着各自强烈的社会背景，这与从定义提出的事件也正好形成了印证。因此突发公共卫生事件已经不是一个单纯的学术概念，而是一个有一定法律和政治意义的概念。

在 2005 年新修订的《国际卫生条例》（International Health Regulations，IHR 2005）中，国际卫生组织对"国际关注的突发公共卫生事件"规定（WHO，2005）为"国际关注的突发公共卫生事件"是指按本条例规定所确定的不同寻常的事件，即通过疾病的国际传播构成对其他国家的公共卫生危害或可能需要采取协调一致的国际应对措施。WHO 作为一个国际性组织，其关注点已经超出了局部国家或地区的利益。因此 WHO 的定义有着更加严格的限定，并特别强调事件的"国际关注"性。20 世纪 90 年代以来，疾病传播模式随着经济全球化进程的加速出现了前所未有的新态势。关于突发公共卫生事件的特点，学术界普遍一致认为突发公共卫生事件具有突发性、群体性和后果严重性。例如，滕仁明认为突发公共卫生事件的发生具有突发性和不可预测性。这种事件一般没有固定的发生时间和发生方式，始料未及。它针对的是不特定的社会群体，其危害直接对公众造成伤害，所以突发公共卫生事件都是人命关天的大事；徐鑫荣等认为突发公共卫生事件具有公共群体性或公共卫生属性，受到损害或者同时发病的人数较多。而且事件的后果多较为严重，通常会严重危害生命和公众健康，造成较大的经济损失，有的甚至会对社会的稳定性造成威胁；韦波等则认为突发公共卫生事件通常都是突然发生的，较难预测，有的甚至不可预测。事件的发生往往同时罹及多人，甚至整个工作或生活的群体。其后果也"损失巨大，往往引起舆论哗然，社会惊恐不安，危害相当严重"。

造成突发公共卫生事件的原因具有多样性和复杂性，既可能是由于传染病的暴发引起的，也可能是由于食物中毒、环境污染、自然灾害或生化恐怖等引起的。如果继续寻找造成传染病、食物中毒或环境污染的原因，仍然非常复杂。以传染病为例，在突发公共卫生事件的应对中简单定位事件的原因是由传染病引起的是远远不够的，还必须找出传染病的传播途径、致病机理、医治方法和免疫方法等，才能彻底找到控制事件的方法。而所有这些问题，都是非常复杂的。

7.2.2　突发公共卫生事件概念模型

理论上，任何突发公共卫生事件（E）都可以认为是在人地关系系统中（S）突然发生的。事实已经证明或有足够的理由证明由危险源（H）作用在某一脆弱人群（P）上，从而已经或可能在短时间内导致大量受害者（V）健康严重受损，甚至死亡的事件。利用数学的集合表达式可以表达为：

$$E = \{H, P, V \mid V = H \leftrightarrow P, V \in P, H \in S, P \in S\}$$

其中，S 是人地关系系统，即突发公共卫生事件发生的区域或全球宏观环境。一切突发公共卫生事件都必然发生在一定的区域或全球人地关系系统中，所以 D 和 P 都必然属于 S；H 是导致突发公共卫生事件发生的直接诱因或动力来源；P 是所有可能受到 H 危害的脆弱人群，是间接原因；V 是已经受到 H 危害的受害者，是 H 作用于 P 的结果。在突发公共卫生事件中主要关注的受害者是人，故 V 必属于 P。突发公共卫生事件的理论概念模型可以用图 7-1 来表示。

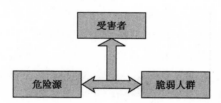

图 7-1　突发公共卫生事件的理论概念模型

7.2.3　疫情预警与分析模型

目前应用在疾病监测的预警模型按资料类型可分为时间预警分析模型、空间预警分析模型及时空预警模型。

1．时间预警分析模型

时间预警分析模型包括基于控制图的预警模型、时间序列模型、线性回归模型和隐马尔可夫链模型等，此类统计模型的特点在于根据过去一段时间监测变量值的大小，利用上述统计模型预测未来该变量值的大小。根据预测值的大小，按时间资料的分布特点确定备选预警阈值，并结合实际情况调整预警阈值的大小。当实际水平超过阈值时，则发出警讯。

1）基于控制图的预警模型

控制图是一种将显著性统计原理应用于控制生产过程的图形方法，由休哈特（Walter Shewhart）博士于 1924 年首先提出，最早用于质量控制。其原理是把引起质量波动的原因分为偶因和异因，偶因引起质量的偶然波动；异因引起质量的异常波动。控制图上有中心线（CL）、上控制线（UCL）和下控制线（LCL），其思想是小概率事件。当控制图中的描点落在 UCL 与 LCL 之外或描点在 UCL 与 LCL 之间的排列不随机时，表明过程控制异常并有异常波动。控制图法在传染病的预警研究中不断完善，目前应用较为普遍的控制图法有移动平均法（Moving Average，MA）、指数权重移动平均法（The Exponentialy Weighted Moving Average，EWMA）和累计和（CUSUM）控制图。

（1）移动平均法：在传染病预警中目前使用较多的为 7 日移动平均法，其原理为设原始数列排成时间数列，按一定的项数逐项移动计算平均值和标准差。根据疾病的危害性、严重性和值可确定 α 水平，利用公式 $W = \dfrac{t}{X_n} + \mu_a S_i$ 计算预警值。之后制做控制图性制等作控制订图，将既往平均水平（中心线）、预警值（上限）、预警值（上限）和实际数据在控制图上做出标识。此统计方法的优点为简单且方便计算，可消除周期性及短期因素的变异；缺点是无法进行更进一步分析，仅能当做初步的流行曲线参考。

（2）指数加权移动平均法：该方法在简单移动平均的基础上引入了权重的思想，随着时间的推移为历史数据赋予不同的权重，λ 为权重因子，且 $0 \leq \lambda \leq 1$。历史数据对现时数据的贡献随着时间的推移或新测量值的引入而呈指数形式递减，递减速度由权重因子决定。权重的选择是一个应该注意的问题，经验法和试算法是选择权重的最简单的方法。EWMA 控制图最大的优势在于其对微小变化的灵敏性高，运用在传染病的早期预警研究中能及时地识别疾病的暴发，达到提前预警的效果；其弊端在于不能很好发现过程中的突发变化，这种现象同样是对过去样本数据波动的积累造成的。例如，前一个均值向上有一个偏移，后一个均值向下有一个较大的偏移。由于考虑了历史因素，使得这两个突发因素被完全抵消或部分抵消，从而减少了对突发变化的敏感性。一般以 $\lambda=0.2$ 比较合适。它既能表现过程的小漂移，又能比较好地反映过程突变的情形。

（3）累计和法：设计思想为计算实际值和期望值之间差值的累计和，其理论基础是序贯分析原理中的序贯概率比检验，是一种基本的序贯检验法。该控制图通过对信息的累积，将过程的小偏移累加起来达到放大的效果，提高检测过程小偏移的灵敏度。该模型的两个重要参数为 H 和 K，H 为判定值，可以判定疾病是否存在异常，其值的选取会影响到 CUSUM 控制图的检出力。通常 K 和 H 根据经验给定并作为不变的量固定下来，一般取 $K=\sigma/2$ 且 $H=5\sigma$。CUSUM 和 EWMA 方法比一般的控制控制图法在发现细微变化方面有很大的优势，但二者的计算均是利用历史数据预测。

除此之外，还有学者利用泊松分布和贝叶斯预测。根据预测值的可信区间上限制订预警界值，在此基础上制作控制图。

2）时间序列模型

ARIMA 模型作为一元时间序列分析中的经典模型，是时间序列分析中较为成熟和应用较为广泛的方法之一，它由 Box 与 Jenkins 于 1976 年提出。作为目前时间序列建模中最重要和常用的方法之一，不仅适用于一般时间序列模型要求的平稳时间资料，还适用于经过 d 阶差分后可平稳化的非平稳时间序列。ARIMA 模型已广泛应用于传染病的预测预警研究，如采用 ARIMA 模型预测血吸虫病患病率、预报确诊的 SARS 病例，以及预测肾综合症出血热和 AIDS 流行趋势的预测等。ARIMA 模型基本形式是 ARIMA（p,d,q）模型，p，d 和 q 分别表示自回归阶数、差分阶数和移动平均阶数。此统计模型最大的特点在于仅以过去的观测值进行分析与预测，不需考虑其他外部数据，并以时间 t 综合替代各种影响因素。其分析过程简便、经济、适用，并且短期预测精度较高；缺点在于若数据较复杂，则不易选择此模型的参数。并且若数据在某些时间有特定事件（如 SARS）发生，此模型无法考虑此特定时间的数据，因此需要修正模型参数；此外该模型对小样本预测时的预测精度较差，对于小规模暴发的早期预警的难度较大，并且长期历史数据预测的精度也较其他模型差。

3）线性回归模型

除上述模型外，还可以采用一般线性回归模型（General Linear Model，GLM）建模与预测。也可以进一步将量化相关误差项的线性回归（Linear Regression Auto Regressive，LRAR）模型用于长时间收集的数据分析上，在 ESSENCE 计划中即利用 LRAR 统计模型进行分析与预测。该统计模型考虑了一星期中特定日期和季节性的变异，若在此模型中将"假日"及"假日后"这两个因素加入变量考虑，则就诊人数即使缓慢增加也能增加其预警的敏感度，而 Benjamin Miller 在研究中使用周末、平常日及季节性的正弦及余弦函数等变量预测一般线性回归模式中自变量无法解释的部分，然后拆成可以被过去时间点上的观察值解释的部分。考虑误差随时间变化的性质，参数表示为 LARCH（p,q）希望能增加统计模型的解释能力与减少误差。美国在 2002 年建立的 RODS 系统采用递回最小平方算法（Recursive Least Square，RLS），该算法使用动态自回归线性回归模型利用各地区症状历史资料的消长趋势，预测现阶段研究指标个案数上限；同时利用预测误差校正模型相关系数。当实际值超过预期上限时，系统会发布警示通知，此系统在 2002 年美国举行冬季奥运会时已经发挥作用。

2. 空间预警分析模型

空间预警分析模型利用病例的空间地理信息，如行政区域名称、家庭住址和工作单位等发现病例的地理聚集程度及早识别传染病的异常情况。目前广泛使用的一种空间预警分析模型有广义线性混合模型（Generalized Linear Mixed Modeling，GLMM）、小区域回归分析检验法（Small Area Regression And Testing，SMART）和空间扫描统计（Space Scan Statistic）等。

1）广义线性混合模型和小区域回归分析检验法

广义线性混合模型由 Kleinman 等人提出，是一种基于 Logistic 回归估算各区域内监测对象的日发病率的统计方法。由于各区域观察人数不断变化，所以简单的 Logistic 回归模型引入了收缩估计来计算各区域的人群密度。该模型可以用来量化同一对象在不同空间点上观察值之间的相关性。

小区域回归分析检验法是基于广义线性混合模型的改良模型，其中考虑了季节效应、周末效应、社会趋势，以及假期等因素。此模型中的广义线性模型用于计算各邮政区域内的日期望发病数，病例数的分布根据多重检验的邮政编码重新定义。一项研究表明 SMART 的统计效能略次于空间扫描统计。

2）空间扫描及其相关的统计方法

空间扫描统计由 Kulldorff 于 1997 年提出，主要原理是将一个地区划分为一些较小的子区域，即扫描窗口。该窗口为圆形窗口，不断调整窗口的大小和位置，并通过似然比检验判别疾病病例的聚集程度，以此来判别该病发病数是否存在异常情况。空间扫描统计分析最早应用于回顾性的慢性疾病分析，近几年也逐渐应用于传染病监测资料的分析。每一个扫描窗口均根据其具体的概率分布函数选择相应的模型计算出理论发病数（模型包括泊松模型、贝努利模型、时空排列模型、正态模型、等级模型及指数模型等），根据实际发病数和理论发病数计算出扫描统计量大小，扫描统计量定义为扫描窗口的最大似然比。利用蒙特卡罗产生模拟数据集，计算 P 值，找出发病数存在异常的窗口。此方法优点在于事先对聚集性的规模和位置没有规定，能有效避免选择偏倚。并且易于根据人口密度或年龄等协变量调整，消除因构成不一致而引起的偏差。

目前国内的传染病的地区分布分行多以行政区域为统计单位，对于传染病来说，行政区域并非疾病传播的屏障。某些发生在行政区域边境上的聚集性病例可能从行政区域的层面上分析并无异常，但通过动态空间扫描则有可能探测出暴发。此模型在流动人口较多地区或发病数极少的情况下有一定的局限性并且会限制分析地点和实际地点的关系。如果暴发发生在工作单位，而用家庭住址分析聚集性，则较难发现暴发。之后 Duczmal 与 Buckeridge 等人考虑到了工作相关因素对空间扫描统计的影响，改进了空间扫描统计。一些在研究区域中工作，而非当地居民的病例往往被误算成该区域的观察病例。若以居住地来扫描统计，则可能引起统计偏差，改进的扫描统计需要研究人群工作单位的信息。Duczmal 与 Buckeridge 对一群有明确工作地址的人群利用改进的方法进行了暴发识别研究，结果表明改进后的扫描统计模型的检验效能比一般扫描统计高，此种方法所需要的工作地理信息在监测数据中一般不易得到。

3. 时间—空间预警分析模型

时间—空间预警分析模型通过综合利用病例的发病时间、持续时间长短，以及发病的地理信息分析疾病的聚集性，目前使用较为普遍的有 WSARE（What's Strange About Recent Events）、PANDA（Population–Wide Anomaly Detection And Assessment）和时空扫描统计（Space-Time Scan Statistic）等。

1）WSARE

WSARE 是一种时空异常聚集演算法，是美国 RODS 系统中包含的一种监测算法。它属于多变量分析方法，其中综合了关联规则、贝叶斯网络、假设检验和排列检验等多种方法。WSARE 采用贝叶斯网络推导出基线数据的分布情况，分析数据的时间趋势。其变量为多维，包括病例的时间、空间及地理等信息。采用基于关联规则的技术，将近期的病例数与基线数据进行比较，通过检验从近期数据中识别出有显著性差异的亚组。一旦"异常"讯号发生，便会通过警示系统，自动通知公共卫生与医疗相关人员。

2）时空扫描统计

时空扫描统计是空间扫描统计的扩展，其基本思想同空间扫描统计。其中考虑了时间和空间两个因素，扫描窗口相应地变为圆柱形。圆柱形的底对应一定地理区域，而高对应一定的时间长度。圆柱形扫描窗 n 的大小和位置也是不断变化的，因此时空扫描能够对疾病发病的时间、地点及其规模进行深入地分析，有利于早期识别暴发。时空扫描统计可以利用历史数据进行回顾性分析，也可以每天、每周或每月重复进行时间周期的前瞻性研究。与单纯时间或空间扫描统计相比，其优势在于不依赖人口数据，避免了由于人口数据问题而导致的统计偏差。但时空扫描统计基于研究区域内各子区域人口增长速度一致的假定基础之上，当研究期间内各区域的人口增长速度不一致（如奥运会期间引起的各区域流动人口增加的不一致性），则有可能引起预警分析的误差；此外，与单纯空间扫描统计一样，时空扫描的统计效能同样依赖于扫描窗口子区域的大小。若子区域最小只能到街道一级，而该地区仅有一个较小社区发生某种疾病的暴发，尚不足以引起该地区整体发病水平的变化，则难以识别暴发的存在。此模型同样受工作地址不详的限制，难以发现工作单位内的暴发。为此需要改善现有的监测系统，加强对工作单位这一信息的收集。

目前，国内外关于突发公共卫生时间的疫情预警分析模型较多，包括单一时间和空间的预警模型，也有时间空间相结合的时空分析模型。各种模型各有优缺点，有不同的适用范围。随着对传染病监测网络的完善，用于预警分析的数据逐渐丰富，可用于预警研究的模型也将越来越多地面对众多的模型。在实际运用中需要综合考虑研究目的、资料情况及成本一效益等因素，选择恰当的模型针对突发公共卫生事件发展态势进行预警及模拟分析。

7.3　应急撤离疏散模型及其建模分析

7.3.1　概述

突发性的灾难事件难以完全预测，也无法完全避免。无论是从空间上讲，还是从时间上讲，突发风险事故都不以人们的意志为转移。即是始终存在的，社会对各种突发事件风险预防的需求也日益强烈。但是无数的事实证明准确及时的信息本身就能救人性命，减少人员伤亡和财产损失。在城市人们的日常生活中，发生不幸风险事件的随机性和潜在性造成了损失发生的不确定性和可能性。一旦城市具备了灾害风险的预警机制及有效的救助手段，公众并未因事先未得到警报引发恐慌。也不会因得不到救助而不知所措时，大规模城市人口将得到有效疏散，将人员的伤亡和经济损失降到最小。应该加强对偶发性及灾难性事件的研究，更加有效并科学地开展城市人口应对突发性的灾难事件的抗灾能力。并且进一步加强应急管理机制和体制的建设，全面提高城市整体的应急管理的能力。

在控制人群聚集风险管理中，研究人员针对城市公共场所紧急状态下人群聚集风险特征采取有效的控制，以消除风险因素来减少事故并降低损失。通过避免、预防及分散方式达到控制和疏导风险的目的。由于城市中人群构成和公共场所环境十分复杂，而且它们之间的千丝万缕联系更为复杂，所以研究人员必须研究城市公共场所紧急状态下人群的之间相互作用的机理、发展和演化规律。即从人群的构成结构、心理因素、管理因素及城市公共场所的空间结构等因素考虑，提出避免、预防及分散的人员疏散方案，使人群承担的风险减少，降低其潜在灾难性。

撤离疏散是突发事件应对过程中的一项重要措施和行为，撤离过程中决策者所做出的各种决策将直接影响突发事件所造成的危害及应急响应的效果。近年来，一些重大的自然灾害和频发的人为事故暴露出我国各级政府在应急处置的撤离决策中仍然过多地依赖于个人的判断。在现有应急处置的方式下，撤离行为的效率和效果取决于决策者对于突发事件和应急撤离的认识及自身的信息综合分析能力，整个撤离过程往往难以达到最优。为了提升实际的应急撤离效率和效果，通过为应急撤离过程建模，并利用应急撤离模型来为决策者提供更客观的辅助决策信息尤为重要。

应急撤离过程建模涉及事件、撤离者和交通系统 3 个相互关联的要素，事件决定撤离区的范围和需要撤离的人口，而有些类型的事件还会影响交通系统的运输能力（如洪水灾害）和撤离者的行为能力（如化学品事故）。撤离区内的交通网络构成了撤离者离开撤离区的通道，而撤离者的数量和撤离过程中的行为决策决定不同时刻交通系统中的交通流量。为了应对撤离过程中经常出现的严重交通拥堵现象，外部干预措施也经常包含在应急撤离模型中，撤离时间是评价应急撤离模型和外部干预措施效果的最主要的指标。而仿真评估撤离模型的主要手段通过仿真决策者可以评估应急撤离的过程，发现撤离期间存在的问题，且能评价各种优化或干预措施的效果。

在应急撤离过程中撤离者的行为往往具有极大的随机性和不确定性，因此如何有效表达撤离者的撤离行为决策成为应急撤离建模中的一个重要问题；此外，数据、精度和计算量等因素的要求也是应急撤离建模需要考虑的问题。因此为了有效地进行应急撤离的建模，有必要对应急撤离建模研究的现状、问题及发展趋势做一个系统的分析。

7.3.2　模型体系研究

迄今为止，应急撤离建模研究已经历经 30 年的历史。大量的应急撤离模型和仿真系统设计和开发成功，一些有代表性的系统包括 EGRESS、EXODUS、SIMULEX、EVACNET+、DYNEV 和 EMDSS 等。根据对交通流的表达不同，撤离模型可以划分为宏观、中观和微观 3 种类型。

1）宏观模型

由于宏观仿真模型和微观仿真模型是针对疏散仿真模型中人群行为建模粒度的一种划分，所以在宏观模型中人员的行为为粗粒度。早期宏观模型主要用于为设计者提供设计和调整疏散方案的依据，故出现了一些利用博弈理论、决策理论及传播理论等原理而建立的模型。例如，Domencich 和 McFadden 利用效益最大化模型来决定行人的最终的行为；Coleman 等人利用传播模型中的数学表达式来描述行人之间的信息的传播，包括行为方式和思想等信息。

随着探索的深入，研究人员逐渐开始采用相对复杂的数学模型来建立行人运动方式的模型。例如，排队模型、转换矩阵模型、随机模型和路径选择行为模型等。紧接着研究人员又尝试借助于系统动力学的概念，考虑人群为一个整体，建立人群行为类似于气体或者流体流动的形式。这样整个人群的疏散过程在于整体的运力学运动方程式，没有考虑到人员的实体。在此情况下，主体是做物理运动，缺乏情绪和思维等智能参数因子。例如，Henderson 提出的 Boltzmann 方程将人群运动行为视做气体或者液体的流动行为，其运动方式为数学公式；R.L Hughes 采用机动车交通流模型中的连续介质理论研究人群行为，根据 Navier-Stokes 的研究结果进一步利用数学方程推导出行人的运动方式。将模型用于研究一些重大的人群拥挤踩踏事故，解释并说明了事故发生存在的一些问题，随后 R.S.C.Lee 深化了该模型。建立的宏观数学模型还有排队模型、路径选择模型和随机模型等，其中有些模型简化行人环境为网络，减少计算量和模型复杂度。例如，在排队模型中通过在疏散空间中输入群集流量和输出群集流量，从研究排队服务性能的角度考虑排队网络疏散方案的优化，而忽略具体个人行为的分析建模。

鉴于宏观仿真模型的仿真粒度，此类模型构造简单。对计算能力要求不高，对行人与行人之间，以及环境之间的关系通常考虑较为片面，忽略了这些关系之间的关联复杂性。

2）中观模型

中观模型结合了宏观和微观撤离模型，它对撤离单元的运动过程模拟的描述要求较高。模型简洁且描述能力能，有助于解决微观模型仿真中所需要的大量计算问题。但是该模型在确定撤离单元时存在很大的主观性，模型结果与实际结果有很大的偏差，在实际中应用并不广泛。

3）微观模型

微观模型详细研究了个体参数，分析了疏散的机理。近年来引起了研究人员的更多关注，也得到了更多的发展。这种模型改善了宏观仿真模型中对疏散整体因子的粗样抽取，更关注个体行为的改变对人群整体呈现出来现象的反映，只有精细的模型才能保证模型的建立复合现实世界的客观规律。这种模型计算代价高且相互之间的关系复杂，难以理解和掌控。但随着计算机技术的发展，通过计算机模拟微观仿真模型已变得越来越可行；同时也引起了追求研究成果并精益求精的研究人员的极大兴趣。

微观仿真模型从模型空间和行为计算实现的方式角度上考虑，早期又分为离散型仿真模型和连续型仿真模型。近年来又出现了基于智能体整体建模的新领域，其中元胞自动机（Cellua Automata）模型为离散型仿真模型的代表；社会力模型和磁场力模型是连续型仿真模型的代表。元胞自动机早期用于统计物理学领域，它具备模型简单、易操作和模拟能力强的特点，引起了研究人员的注意。Toffoli.T 和 N.Margolus 将模型用于最邻近人之间的相对作用产生的位移。在元胞自动机模型建立模型的原型因素中时间、空间和状态变量均是离散的，它采用了时间为基准，系统状态为格子单元；单位状态为有限的方式。一般赋值为 0 或者 2 在时间步中，格子单元状态通过某种规则发生变化反映了局部间相互影响的作用。

由 Gipps 和 Marksjos 提出的 CA 模型加入了势场能的概念，通过整体环境中格子单元的势场强度变化来保证行人的碰撞行为被避免；C.M.Henein 和 T. White 在 Kirchner 元胞自动机模型的基础上引入人群伤亡的原因在于作用力的概念，对行人个体之间的相互作用力进行了建模。格子气模型与元胞自动机模型在原理上类似，在空间的划分上，格子气呈现出更多的形式；D.Helbing 提出的社会力模型强调力的概念建立了人与人之间复杂的力的相互关系，在其成果中人的行为人所受到的"社会力"而产生。"社会力"是人自身的加速力，人与人之间的排斥力和吸引力，以及人与环境之间的排斥力和吸引力的总和。它能够反映出"欲速则不达"，以及疏散出口处由于人群拥挤层拱状等现实现象。该模型已成为目前最受认可的基于物理力原理的疏散模型。国内外学者在此基础上做了诸多改善，使得社会力模型得以发展。Taras I.Lakoba 等人修正并改善了社会力模型中的参数因子，以取得更好的仿真效果。

微观模型结合环境因素、人员心理因素和群体行为因素等方面研究特定场所下的人员安全问题，如奥运体育场馆。香港城市大学和武汉大学合作建立了网络疏散模型 SGEM（基于局部细网格和个体描述的过程模拟模型），利用计算机技术进行建模仿真。

近年来，国内外逐渐开展了基于多智能体（Agent）技术来建立疏散仿真模型。

这种技术建立疏散仿真模型处于新发展领域，现有研究成果比较少。这种模型强调的是减少仿真系统或者用户对模型的控制，研究重点放在单个人员的建模上。即通过个体人员的行为自组织性来实现人群行为规律的展示，并不是通过上述预设的数学模型和行为规律，这种方法采用了分散且自底向上的思路来从微观到宏观的反映。现阶段基于多智能体技术的疏散模型的建立还处在探索阶段，有研究人员基于多智能体建模的成果沿用了元胞自动机中离散行为的思想，在行为规则中引入了智能性规则改进。也有研究人员将元胞自动机和社会力模型等现有的微观模型归入多智能体技术的疏散仿真模型，认为此类模型已具有智能性。现在研究人员开展的基于多智能体技术的模型研究更注重于个体建模中的智能学习性和信息交互性。

7.3.3 撤离疏散建模过程

宏观撤离模型以交通流量分析为基础来研究应急撤离，即分析撤离行为产生的旅行需求（应急撤离过程中需要转移的人员或车辆的总量）和交通网络的容量之间的关系；微观撤离模型通过跟踪撤离过程中每个个体的旅行轨迹来评估撤离过程和优化策略的效率；中观撤离模型是以上两种方法的结合，通常是将撤离者按照特性进行分组和归并，然后为合并后的撤离单元建立微观模型。

图 7-2 所示为宏观、中观和微观应急撤离建模方法的建模流程。

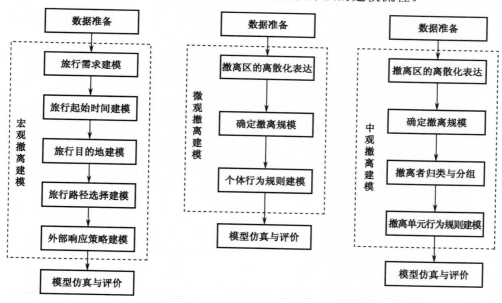

图 7-2 宏观、中观和微观应急撤离建模方法的建模流程

1. 宏观撤离建模分析

宏观撤离模型以网络流分析为基础，撤离区通常根据事件预测的结果（如飓风运

行轨迹）或者应急计划的规定（如核电厂周围的一定区域为撤离区）来确定。撤离区内的道路网络构成了撤离路径系统（Evacuation Route System，ERS），其中居民区被建模为旅行发起节点，而撤离区的出口构成了旅行的目的地节点。宏观撤离建模的过程基本都遵循 Southworth 给出的以下 5 个步骤。

1）建模旅行需求

建模旅行需求是对撤离规模的估计，撤离规模根据来源可以划分成 5 个部分，即常驻居民撤离、常驻居民返家、临时旅客撤离、特殊单位撤离和背景交通。其中，常驻居民返家和背景交通由于被认为不会对撤离时间产生影响或影响较小而经常被忽略；常驻居民撤离构成了撤离规模的主体，多用的估计方法是撤离家庭数量和单位家庭车辆使用数的乘积；临时旅客撤离受事件发生的季节、时间和特殊活动等很多因素的影响，一种估计的方法是通过撤离区旅馆房间数量、占有率和撤离方式计算。

特殊单位撤离由于受单位之间撤离能力和撤离效率高低的影响而往往较难估计，Urbanik 建议针对每种类型的单位做典型调查，并建立各自的撤离规模估计方法。

以上过程可能会发生旅行的重复计算，如学校中的学生可能会跟随学校，而不是家庭撤离。一种解决的方法是通过估计家庭成员分别处于不同部分的比例，但该比例与撤离发生的时间密切相关，如普通工作日白天与夜晚或周末白天的撤离具有不同的比例。

2）建模旅行起始时间分布

旅行起始时间分布可以表示为不同时刻开始撤离者与总撤离规模的比率，它决定了不同时刻 ERS 中实际的交通量。响应曲线是常用的预测旅行起始时间分布的方法，表示为不同时刻开始旅行的撤离者的累计百分比；另一种预测的方法是概率方法。由于个人的撤离行为可以被认为由一系列事件引发，如收到撤离指令、评估撤离的必要性、确定撤离路线、撤离前的准备和开始撤离。而且一个事件的发生只依赖于它的前导事件，因此不同时刻开始撤离事件的概率可以通过将其所有前导事件的独立概率相乘求得，而这些独立概率可以基于以往的观察数据估计。

3）选择建模旅行目的地

撤离者为了离开撤离区需要选择撤离区的一个出口，该选择将影响撤离者之后的旅行路径选择。一般有 4 种可能的选择策略，即最近的出口、亲戚或朋友的位置、撤离计划中指定的出口和 ERS 中的交通条件。真实事件中的出口选择往往显得比较复杂，但是一些固定的模式却通常出现在不同类型的事件中，并作为出口选择建模的依据。当事件非常紧急时，如化学品事故或火灾发生时人们更倾向于选择最近的出口；对于飓风和洪水等事前的撤离，由于避难场所的影响使得亲戚或朋友的位置成为出口选择的主导；对于城市地震灾害，撤离计划中指定的避难所一般成为首选的旅行目的地。

4）选择建模旅行路径

选择建模旅行路径的目的是解决交通分配的问题，动态交通分配（Dynamic Traffic Assignment，DTA）是目前使用的主要方法。该方法能够在较短的时间间隔内根据最新的交通网络状况和预定的分配策略将旅行需求分配到交通网络中，并跟踪网络中的撤离者进行跟踪，因此它比以往的静态交通分配方法能更好地描绘出撤离的过程。

目前撤离路径选择中使用的分配策略包括最短路径、最大交通流、最小费用流、最快交通流和最小冲突，其中最小费用流是最基本的路径选择问题，其他策略都可以通过对费用的不同定义而形成。

撤离路径选择的策略可以是局部或者全局的，局部策略只对与当前节点相连的路段按照预设的策略进行评估，并从中选择一条作为旅行的路段；全局策略要对连接当前节点和旅行目的地的所有路径进行评估，并选择满足目标条件的路段作为下一个旅行路段。

5）建模外部响应策略

外部响应策略指应急响应者为提高撤离效率和效果而实施的一些干预撤离行为的措施，这些策略通常与旅行路径选择集成在一起，并在实际中由交通控制措施实施。目前使用的外部响应策略包括阶段性撤离、反向车道和路口交通控制。

阶段性撤离将撤离区按照风险高低或灾害到来的时间划分为具有不同紧急级别的撤离区域，并分别在不同的时间开始撤离，以此来避免同时撤离可能造成的交通拥堵现象。阶段性撤离的一个重要问题是确定不同紧急级别撤离区域的撤离起始时间。

反向车道策略是将进入撤离区的车道反转，使之能够被撤离车辆使用，从而提高ERS 的交通容量。路口的交通控制通过重新设置路口转向、车道跨越和红绿灯时间等控制措施以达到预先设定的目的，如最小化路口的交叉冲突和融合冲突，保障交通走廊的最大化利用

2．微观撤离模型

与宏观撤离模型不同，微观撤离模型以个体运动为基础。个体、环境和外部的干预措施通常构成微观撤离模型的 3 个基本元素，它们之间互相作用并最终影响撤离的过程。每个撤离者根据预先设定的行为规则及其所处的环境来确定移动速度和方向。其他撤离者、周围的设施及事件构成了他/她的环境，事件和外部干预措施都通过改变环境来影响个体的移动和撤离过程。

微观撤离模型中撤离规模一般根据撤离区的容纳能力和实际占有率来确定，而撤离区的表达和个体行为规则的确定则构成了微观撤离建模的核心内容。

1）撤离区的表达

为了跟踪撤离者的移动轨迹，微观撤离模型需要对撤离区进行离散化表达。目前撤离区的表达方法可以划分成 3 类，即网络表达、功能划分和网格划分。

网络表达方法将撤离区构造成由节点和路段构成的网络系统，节点由道路交叉口或建筑物内的房间及走廊等构成；路段由交通路段或建筑物内的门和出口等构成。撤离者在网络中移动，模型根据移动速度记录不同时刻撤离者处在网络中的位置。

功能划分方法是将撤离区按照功能划分为不同的区域并分别表达，如建筑物通常可以划分为行走空间（房间、走廊及楼梯等）、障碍物（墙及设施等）和出口（门等）。为了到达所选出口，撤离者在行走空间中移动检测障碍物和其他撤离者的位置并不断调整自身的移动方向和速度。

网格划分方法是将撤离区划分为由均匀的规则单元构成的网格，每个单元具有属性来表示环境特性及单元是否被撤离者所占用，撤离者根据预设的规则在单元和单元之间移动。该方法忽视了撤离者在节点内部移动所需要的时间，而且撤离者在节点内部所处的位置也很难被确定，使得该方法在模拟较小区域内的撤离行为时将产生更大的误差。网格划分方法基于网格单元可以实现撤离者详细位置的跟踪，但均一的网格单元尺寸将会忽略撤离者之间的形体差异及由此带来的移动速度的不同，即与实际的撤离过程不相符合；另外，该方法在模拟撤离人群的汇集行为时也不理想。

功能划分的方法解决了以上方法的缺陷，但其主要问题是个体的移动依赖于个体与个体之间，以及个体与障碍物之间距离的检测，而这种检测需要大量的计算量。当有大量撤离者或撤离区很复杂时，需要很好地设计以避免计算量的超载。

2）个体行为的建模

微观撤离模型中撤离者的出口和路径的选择取决于撤离者的行为模型，而行为模型由一系列行为规则构成。例如，在复杂环境中个体选择自己最熟悉的出口，在不知所措的情况下选择跟随群体移动等。在撤离过程中撤离者将根据周围环境和行为规则不断调整自己的移动方向和移动速度，影响撤离者个体行为的因素可以划分为个体、个体之间的交互和群体的影响，而且它们之间彼此联系。个体行为规则的确定主要依赖于行为科学的发现和由真实场景撤离实验所提供的数据和经验。

与宏观撤离模型相同，微观模型也需要为个体的撤离时间建模，而且相同的方法也被应用。基于经验的撤离比例分布是最容易使用的方法，但必须以分布与现实撤离场景相符合为前提；基于概率的方法强调从个体行为决策的角度来确定个体的撤离时间，如 Zhao 所设计的预期多响应（Expected Multi-Response）方法和 Pires 采用的值网络方法等。这些概率集成在个体的行为规则中，并在撤离模型运算时决定未撤离者是否撤离。

3．中观撤离模型

中观撤离模型是将撤离者按照一定的依据划分到不同的撤离单元中，然后将每个撤离单元作为一个个体并采用微观撤离建模的方法来建立撤离模型。

通常相同或相近的社会背景、经济状况、受教育情况，以及空间的分布成为划分撤离单元的主要依据。中观撤离建模方法的提出是为了解决微观模型仿真中所需要的大量计算的问题，然而计算机计算能力的飞速提升使得该问题已不再重要；另一方面，对撤离者进行分组往往存在很大的主观性。不合理的分组将使模型的结果与实际偏差很大，这些原因使得中观撤离模型在实际中并未得到广泛的应用。

4．撤离过程评估

不论是宏观撤离模型，还是微观撤离模型，对所模拟的撤离过程进行效率和效果的评估都是很有必要的。这种评估的目的主要有两个，即发现撤离过程中可能存在的问题和评估各种干预措施对应急撤离效率提升所起的作用。撤离时间（Clearing Time，CT）是评估撤离过程效率最常用的指标，指从撤离指令发出到所有人员离开撤离区所经历的时间，一般认为由撤离警报接收时间、撤离前的准备时间和旅行时间组成；此外，撤离者的等待时间和拥堵的人数也被用来评估撤离过程的特定方面。

上述撤离指标可以通过撤离模型的运算得到，它们从不同的侧面反映了撤离过程的性能，并且能够作为应急管理者制订应急计划或者应急响应者制订响应任务的重要依据，一个例子是应急管理者根据计算的撤离时间来确定发布撤离指令的最晚时间。

7.3.4　模型分析

通过分析 3 种应急撤离建模过程，可以发现如下问题：

（1）宏观撤离模型以交通流量分析为基础，具有计算量小的特点，适用于对大尺度或大规模撤离行为的建模。其主要的问题是对撤离过程中不同时刻的交通流量的估计主要依靠经验和概率统计的方法，当撤离区基础资料不足时该估计会产生很大的误差。

（2）微观撤离模型以个体运动过程模拟为基础，具有表达撤离过程充分且直观的特点，适用于小尺度或封闭环境内的撤离行为的建模。其主要的问题是确定一套充分的个体行为规则还存在困难；此外，模型的计算量会随着撤离者数量的增加而急剧增大。

（3）中观撤离模型以撤离单元的运动过程模拟为基础，是宏观和微观撤离模型的结合，其主要的问题是确定撤离单元时存在很大的主观性。

针对不同应急撤离模型的特点和主要问题，在实际的应急撤离建模中应充分考虑如下方面。

（1）综合考虑应急撤离的场景、数据的获取、模型计算量的要求，以及需要了解的撤离过程的详细程度等因素选择合适的应急撤离建模方法。一般的原则是大尺度撤离场景选择宏观建模方法，建筑物、船舶及飞机等封闭环境内的撤离选择微观建模方法。

（2）对于宏观撤离建模而言，集成智能交通系统（IntelligentTransportation System，ITS）将成为最重要的发展方向。它不仅能够方便地获取实时的交通流量数据，而且可以快捷地实施交通控制措施。

因此基于 ITS 的应急撤离模型能够基于当前的实际交通流量进行预测，从而使得模型的精度更高，而设定的外部响应策略也可以得到迅速的实施。

（3）对于微观撤离模型而言，完善个体的行为规则是提升模型性能的关键所在。获取个体行为规则的主要途径如下：

- 借鉴行为科学和社会学的研究成果；
- 从以往人们在突发事件撤离中所表现出的各种行为进行分析；
- 进行真实场景下的应急撤离实验，在获取行为规则时需要注意的一个重点是行为规则受文化背景的影响很大，当文化背景差异很大时人们在相同危机状况下可能会做出不同的行为。

（4）由于微观撤离模型能够获取撤离者个体的旅行轨迹，可以更直观且详细地表达撤离过程，因此其建模方法将会取得更广泛的应用。

7.4 应急资源调度及其过程模型

7.4.1 概述

近几年来，随着工业化及全球化进程的加剧和社会结构的变迁，各种大规模自然灾害、公共卫生事件和生产事故正越来越频繁地侵袭我们生存的世界，影响并威胁我们的生活，甚至生命。这些大规模突发性公共事件除了具有一般突发事件的突然性、危害性、不确定性和衍生性等特征以外，更具有受灾面积大、影响范围广、持续时间长、受灾人群多、应急需求点多、应急物资需求量大及应急物资供应不足的特点。面对这些突发事件，政府为满足应急救灾的需要需组织调度应急物资以防止事态恶化。这些特点决定了大规模突发事件应急物资的调度复杂性远远超出一般规模的突发事件，不仅要考虑单出救点到多需求点的调度，还要考虑多出救点到多需求点的调度；不仅要考虑不同应急阶段应调度不同种类的应急物资，还要考虑不同阶段应采用不同的调度方式。

应急物资的调度包括调度准备阶段、调度实施阶段及调度评估阶段，要提高大规模突发事件应急物资调度的效率需要对应急物资调度的全过程有一个充分的了解。在准备阶段，物资的筹集是最重要的环节，缺乏应急物资的筹集如同无米之炊、无源之水和无本之木。大规模突发事件应急时仅靠动用储备、直接征用、市场采购和组织国内捐赠等常规筹措方式很难满足应急需求，需采用更多的物资筹措方式；在调度实施阶段需要了解调度物资的种类、调度的供需状况、调度任务及调度方式，对应急物资进行合理调度。大规模突发事件持续时间较长，不同阶段的应急任务不同，对应急物资需求的数量和种类也不相同，因此只有对应急物资调度过程有一个准确且全面的认识才能使应急物资得到有效保障。从而提高应急物资调度的效率，减少突发事件对生命和财产造成的损失。本节将在结合大规模突发事件特征的基础上分析大规模突发事件应急物资调度的特征，给出应急物资调度过程模型。并指出这一过程正常运行的支撑环境，旨在为应急物资调度决策提供理论指导。

7.4.2 大规模突发事件应急物资调度的特点

大规模突发事件具有不确定性、信息的高度缺失性、危害性和应对时间上的紧急性等特点，这也决定了其应急物资调度的特征。

1）应急需求点多

在 2008 年春节期间南方雪灾的大规模突发事件中，湖南省地方电网出现了高低压线路断线 86 713 处且断线长度为 2.8 万公里，杆塔倒塌和断杆 129 787 基，损坏变压器 4 409 台，这些受损的高低压线、杆塔和变压器就成为独立的应急需求点；"5.12"四川汶川地震导致重灾区面积达到 10 万平方公里，涉及阿坝、绵阳、德阳、成都、广元及雅安 6 个市和州。严重受灾的县区达到 44 个，受灾乡镇 1 061 个，直接受灾人数 1 000 多万，受灾的县、乡和镇同样成为应急需求点。

2）应急物资需求量大且种类繁多

大规模突发事件影响面积大、受灾人口众多且持续时间长，需要的应急物资数目巨大。如在 5.12 汶川地震中，仅帐篷的需求量就高达 300 多万顶；此外，大规模突发事件所需的应急物资种类繁多，包括生命救助、生命支持及污染清理物品等瓶颈物资，还有救援运载、通信广播、交通运输工具、动力燃料等重要物资，以及防护用品、临时食宿用具、工程设备、普通器材工具、工程材料和照明设备等普通物资。

3）应急物资的筹集超出了常规方式

一般规模突发事件应急物资由于规模较小，应急物资需求量不大，采用动用储备、直接征用、市场采购和组织国内捐赠方式中的一种或几种常规方式即可筹集齐全。但大规模突发事件应急时仅靠上述常规筹措方式很难满足应急需求，需采用更多的物资筹措方式，如国际援助和组织突击生产等。例如，汶川地震应急需要帐篷 300 多万顶，而灾难发生后的第 10 天仅筹集到 40 万顶，缺口的 260 多万顶必须组织厂家突击生产。

4）应急物资调度范围更广且领域更宽

大规模突发事件应急物资的筹集方式增加了国际援助和组织突击生产等方式，国际捐助使得应急物资的调度范围从国内延伸到国际；组织生产使得物资调度由流通领域延伸到生产领域。

5）应急物资调度的动态性

大规模突发事件应急物资调度的动态性主要体现在以下两个方面：

- 应急的不同阶段调度物资的种类不同：不同阶段的应急任务不同，如在地震初期应急的主要任务是尽快救出埋在废墟下的生命，应急物资以救援器械、通信广播和交通运输工具为主。而 72 个小时黄金救援时间以后，应急的主要任务则转换为救助伤员和安置灾民，应急物资也相应地转换为粮食、食用油、衣服、药品及饮用水等生活必需品。又如在 1998 年抗洪应急行动中，根据可能会暴发大面积疫情的预测，应急救援物资由最初的衣物、食物、麻袋和救生器材等物资转变为医疗药品等物资，应急物资种类发生了根本性的变化。
- 在应急的不同阶段采用的调度方式不同：在大规模突发事件发生初期信息的不确定性使得应急物资需求量难以预测，而且筹措到的应急物资也往往有限。这时应根据应急预案采用供应推动方式，主动向灾区调运物资。而到了后期，由于受灾面积、受灾人数及事件持续时间能较准确地统计或预测，所以可结合各地生产自救情况由供应推动方式转为灾区需求拉动的方式，根据受灾地区的需求供应相匹配的物资。

6）应急物资调度的多约束性

大规模突发事件应急物资调度过程往往要受到以下几个约束条件的制约：

- 信息约束，在突发事件发生后的短时间内系统不能够全面掌握有关突发事件的信息，造成预测和决策的误差。
- 时间约束，应急物资调度的目标是指在约束时间内应该实现的目标，应急物资调度都不应该超出约束时间范围；否则调度过程所能实现的价值将大大降低，甚至毫无意义。应急物资调度速度越快，突发事件的影响后果将越小；反之，应急物资调度速度越慢，突发时间造成的危害将越大。
- 资源约束，资源约束是指应急物资数量和质量的约束，尤其在大规模突发事件发生初期，在有限时间和有限范围内采用有限的筹集方式筹集到的物资数量往往十分有限，质量也往往难以得到保证。
- 运输基础设施约束，由于大规模突发事件会毁坏公路、铁路、港口、通信和电力等基础运输设施，对事发地运输环境造成较大破坏，所以应急物资调度难以正常进行。

7）多目标

大规模突发事件持续事件长，不同的应急阶段有不同的应急任务和相应的调度目标。在事件暴发初期时间和损失最小化是应急调度最重要的目标，如在地震发生后 10 小时内被抢救出来的埋压人员如能得到及时救治，生存率很高；48 小时后被抢救出的埋压人员生存率大幅下降；72 个小时后生存率更低。而由于在初期筹集到的应急物资也很有限，所以如何使有限的应急物资发挥最大的效用，即使得各应急需求点的满意度最大也是应急物资调度的目标。在随后的应急阶段，随着物资筹措方式的拓宽应急供应点及其可提供的物资数量将大量增加。而信息的确定性也导致需求预测的准确性，这时的应急目标就不仅仅是时间的最小化，而更多地应考虑如何选择合适的供应点及各供应点应提供相应的物资量来降低应急成本。

7.4.3　大规模突发事件应急物资调度的过程模型

大规模突发事件应急物资调度过程模型如图 7-3 所示。

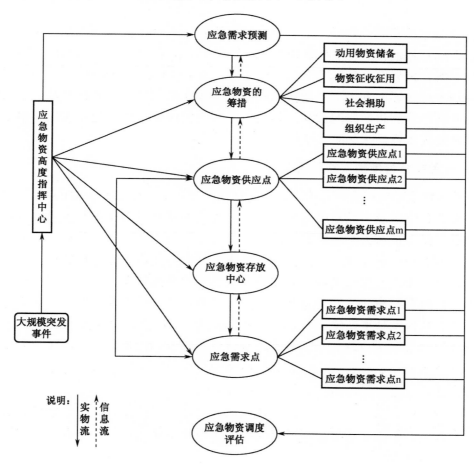

图 7-3　大规模突发事件应急物资调度过程模型

1．应急物资调度准备阶段

1）成立应急物资调度指挥中心

大规模突发事件发生后应立即成立应急物资调度指挥中心负责应急物资调度全过程的指挥决策，如应急物资需求预测、应急物资筹措决策、应急物资存放中心的选址及应急物资的调度等。

2）预测应急物资需求

应急物资调度指挥中心应根据突发事件的类型、级别及影响范围，并结合应急预案对所需应急物资需求数量、质量和种类做初步的需求分析。在应急中后期物资调度指挥中心应根据应急需求点、物资供应点、物资存放中心的物资信息反馈，以及筹措情况做出综合决策。

3）筹措应急物资

应急物资调度指挥中心在应急物资需求预测的基础上，通过应急物资信息系统查询应急物资的储备、分布、品种及规格等具体情况，采用动用储备、物资征收征用、国内捐助等常规筹措方式，以及国际援助和组织突击生产等非常规筹措方式尽量满足应急需求点对应急物资的数量和种类的需求；同时根据筹措过程也可了解应急供应点的数量、分布，以及物资的供应数量、质量和品种等。

2．应急物资调度的实施阶段

对于如救援器械和医疗器械或药品类紧急应急物资，可从应急供应点直接调度到应急需求点，时间最小化是最重要的应急目标。必要时可与军方联系，动用直升机和运输机、陆上和水上军用运输装备、军用运输专用线路，以及与之相配套的空投托盘、网袋和降落伞等投送装备。由于衣服、棉被、粮食、食用油和饮用水等生活必须品需求量庞大、种类繁杂且需求持续时间长，调度难度大，所以可在事发地火车站和飞机场附近建立应急物资存放中心（如事发地已有物资储备中心，并且保存完好，则可用来充当应急物资中心），这时调度分为以下两方面。

1）从应急物资供应点到存放中心的调度

在应急的不同阶段从物资供应点到存放中心的调度方式不同，在应急初期应采用供应推动方式将筹集到的应急物资全部调往物资存放中心。应急物资调度的主要目标是时间最小化，应急物资调度任务包括应急车辆的确定和应急路径的选择，从而使应急物资能尽快地到达事发地，使得突发事件造成的损失最小；到了中后期，由于应急筹措渠道的拓宽，应急物资的数量、质量和品种都有了一定保证，这时应根据各需求点在一定时间内的具体需求信息采用需求拉动的方式有针对性地供应物资，因此要依据各应急供应点到物资存放中心的距离和单位运送成本等约束条件选择参与应急的供应点，以及各供应点供应物资的种类和数量。

2）从应急物资存放中心到应急需求点的调度

应急物资从物资供应点运送到应急物资存放中心后，存放中心会根据物资的品种和质量编组分类。对于不需要或超过需求的物资可存放在该中心以便其他突发事件发生时使用，对于需求点需要的物资应从应急物资存放中心运送到应急需求点。在应急初期采用供应推动方式，考虑各需求点的满意度将存放中心的应急物资调往各应急需求点；在应急中后期，则根据各需求点的物资需求量、种类和需求时间将存放中心的应急物资调往各应急需求点。

3. 应急物资调度的评估阶段

在应急物资调度的评估阶段我们需要为应急物资调度的准备和实施阶段中的一系列具体工作建立应急物资调度评估指标体系，采用正确的评估方法进行客观的评估。由于应急物资调度指挥中心负责应急物资调度全过程的指挥决策，应急物资需求预测、应急物资筹措、应急物资存放中心的选址、应急物资的调度等决策绩效，以及应急物资调度中心、各个应急物资供应点与应急物资需求点三方之间的联动效应是评估的重点。具体在应急物资调度的实施过程中，应急物资供应点到存放中心的调度、应急物资存放中心到应急需求点的调度，以及应急车辆的确定和应急路径的选择等问题都需要通过适当的评估体系评价。在不同的应急物资需求时段，通过对初期各需求点的满意度，以及中后期各需求点的物资需求量、种类和需求时间的满足程度的对比和评价为今后的应急物资调度决策提供依据。

第 8 章　城市应急管理与系统框架模型

8.1　城市应急管理系统概述

8.1.1　城市应急管理的概念

城市应急管理是城市突发事件应急管理的简称，对各类各级突发公共事件实施有效的应急管理既是政府的一项重要职能，也是政府的责任。城市应急管理是政府针对发生的突发公共事件的特点，在应对突发事件的过程中为了降低突发事件的危害，基于对突发事件的原因、过程及后果进行分析并在事件的整个生命周期内进行的一系列有组织、有计划且持续动态的管理过程。以期快速、有效地预防和处理，尽可能地减少损失，恢复社会稳定，安定老百姓生活。城市应急管理的内容主要包括突发事故分析、预警与预测、资源计划、组织、调配、事件的后期处理和应急体系建设等。

8.1.2　城市应急管理系统的定义

城市应急管理系统如图 8-1 所示。

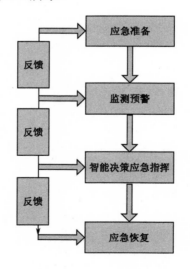

图 8-1　城市应急管理系统

应急管理系统是一个以突发公共事件应急响应为主线，涵盖各类突发公共事件监测监控、预测预警、报警、接警、处置、结束、善后和灾后重建等环节的系统工程，包含应急管理业务体系与技术系统两个部分。应急管理业务体系通常指一案三制，即"应急预案"、"应急工作体制"、"运行机制"和"法制"；应急管理技术系统是指"应急信息系统"。应急管理过程包括应急准备、监测预警、应急响应（应急指挥）和应急恢复共 4 个阶段。城市应急管理系统应该是一个涵盖应急管理整个过程，由需要的组织机构、人员物资的储备与运输及通信设施等构成，并且运用各种技术手段和方法，以期有效预防和处理突发公共事件、减少损失、恢复社会稳定和公众对政府信任的动态系统。该系统的构建是一项非常复杂的系统工程，涉及城市社会生活的方方面面，构建时需要广泛的知识背景。在突发公共事件发生前，城市应急管理系统应能实现预案制订、应急人员培训和应急资源储备等功能；当突发公共事件发生时，城市应急管理系统应能判定突发公共事件的紧急程度、启动相应的应急预案、决策分析并指挥控制整个应急处理过程；当突发公共事件结束后，还能实现恢复、评估和学习等功能。

8.1.3　城市应急管理系统的特点

城市应急管理系统的系统性和复杂性取决于城市突发公共事件本身的特点及其发生的环境，城市应急管理系统具有以下特点：

（1）系统与外部环境关系复杂。城市应急管理系统与其他省、市、地区，甚至全球都存在能量、物质和信息的交换，具有极为复杂、不确定与动态连续的环境状态。

（2）系统结构层次众多，子系统种类繁多。如波士顿市依据不同的应急职能将整个应急响应系统划分为 16 个子系统，其中包括交通子系统、通信子系统、公共工程子系统、后勤资源子系统、健康和医疗子系统、消防子系统、情报和调度子系统，以及搜救子系统等。而这些子系统各自又有子系统和组件，它们之间存在相互联系，构成了多层次的庞大网络系统。

（3）系统的子系统之间通信方式多样，系统中的各级子系统具有不同的功能，执行不同角色，它们之间通过多种交互模式通信。

8.2　城市应急管理系统框架建模理论研究

1. 美国 C^{4}ISR 体系结构框架

美国于 1996 年提出了先进作战空间信息系统（ABIS）概念，主要包括 3 层能力框架。同年，美国国防部长在向总统和国会的 1997 财政年度报告中，提出了指挥、控制、通信、计算机和情报，以及监视和侦察（Command、Control、Communication、Computer、Intelligence, Surveillance and Reconnaissance, C^{4}ISR）系统。美国国防部长助理办公室信息综合集成和互操作性管理局把 C^{4}ISR 系统定义为能在所有军事作战范围中支持指挥员完成计划、指挥和控制部队的一体化指挥、控制、通信、计算机、情报、监视和侦察的信息系统。C⁴ISR 系统的战略意图是为部队提供能在任何行动中生存并取胜所必须的获取、使用及分享信息的能力。报告中指出 C⁴ISR 系统是一体化、互操作、标准化、高效及有效的，可为战斗员和决策者提供最大的利益。即 C⁴ISR 系统不仅为决策者提供信息，还为战斗员提供信息。

C⁴ISR 系统体系结构指系统的各部分组成及其之间的相互联系和必须遵循的设计和开发的原则与指南等。针对不同的用户要求，C⁴ISR 体系结构由 3 个部分构成，即作战体系结构、系统体系结构和技术体系结构。它们分别从作战需求、系统实现和技术支持 3 个方面共同描述 C⁴ISR 系统，以实现和确保 C⁴ISR 系统的互联、互通和互操作。

C⁴ISR 体系结构框架提供了开发和描述 C⁴ISR 系统体系结构的标准方法，它定义了 3 种主要视图，分别对应 C⁴ISR 体系结构的 3 个部分，即作战体系结构视图（OAV）、系统体系结构视图（SAV）和技术体系结构视图（TAV）。目的是在保证各部门描述的体系结构在不同组织的作战、系统和技术结构层面具有互操作性，并在联合组织范围内具有可比性和综合性。

3 种体系结构视图之间的连接关系如图 8-2 所示。

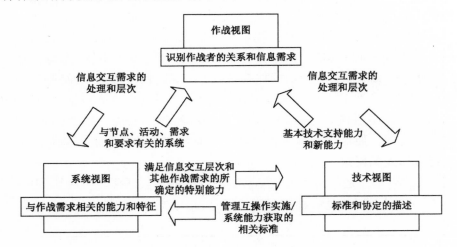

图 8-2　3 种体系结构视图之间的连接关系

技术体系结构视图是决定系统部件或组成要素的配置所必需的相互配合和相互依存的一组最小的规则集，它提供了技术上的系统运行方针。即以工程规范为基础建立普通部件，并开发产品线。技术体系结构视图的主要作用是确定标准、规则和协议，并定义支配系统实现和运作的一组规则。

作战体系结构视图详细描述了支撑特定任务的信息交互、协同能力和运行参数；系统体系结构视图描述了与作战体系结构视图相关的系统属性和链接。

2．Zachman 框架模型

Zachman 框架是由 John Zachman 在 1987 年提出的一个经典的企业体系结构框架，具有容易理解、描述全面和独立于各种工具与方法学等优点，得到了广泛的认可。该框架模型如表 8-1 所示。

表 8-1　Zachman 框架模型

	数据 What	功能 how	网络 where	人员 who	时间 when	动机 why
范围	重要业务对象列表	重要业务过程列表	业务执行地点列表	重要组织单元列表	重要业务事件列表	业务目标/策略列表
业务模型 业务视角	语义模型	业务过程模型	业务后勤系统	工作流模型	主进度表	业务规划
系统模型设计者视角	逻辑数据模型	应用体系结构	分布系统体系结构	员工接口体系结构	处理结构	业务规则模型
技术模型构造者视角	物理数据模型	系统设计	技术体系结构	描述体系结构	控制结构	规则设计
详细呈现分包者视角	数据定义	程序	网络体系结构	安全体系结构	时限定义	规则详细说明
运行企业	业务数据	应用代码	物理网络	业务组织	业务进度	业务策略

8.3　城市应急管理系统总体框架模型

8.3.1　建模分析

1．建立模型的目的

随着城市经济、金融、社会和政治功能的全方位提升，城市的应急管理能力越来越受到重视，突发公共事件的应急管理已成为全世界和各级政府关注的重点。但是城市各类突发公共事件的"预测预警、准备、减缓、响应、恢复和重建"等目前还处于建设实施的初期，还没有形成一套系统的方法和标准。

城市应急管理系统是一个多层次、多部门、多功能且动态变化的复杂系统，其合理构建将影响到城市应急管理工作的运行，构建系统的框架模型就是为了更加科学地展现城市应急管理系统的整体架构、组成要素及其之间的关系。

城市应急管理系统框架模型既是认识和分析城市应急管理系统运行机制的基础，也是建设和改进城市应急管理系统的客观需要和先决条件。该框架模型为城市应急管理系统的理解和实施提供了一致的表示形式，有利于更好地理解应城市急管理系统复杂的运行方式；同时有助于支持整个应急管理系统内组织、业务流程和资源的重组与整合。

2．建模范围和要素分析

城市应急管理系统是以城市管理为背景，既包含指挥、控制、通信、计算机、情报、监视和侦察等一系列与 C⁴ISR 系统相类似的功能，又可以从 Zachman 框架模型定义的 what、how、where、who、when 和 why 共 6 个方面进行分析。因此构建城市应急管理系统框架模型可以在参考上述两类系统体系结构框架的基础上，分别从不同的侧面和视角来展现系统的组成情况及其各要素之间的相互关系。

突发公共时间的每个时间段的某些要素都具有一些共性，如在事件发生前、发生中和发生后都有相应的应急组织参与其中，分别是应急准备组织、监测中心和预警中心等（事件前）；现场指挥中心、应急处理组织和市级指挥中心（事件中），以及应急恢复组织（事件后）。在事件发生前、发生中及发生后都涉及应急资源的管理活动，包括应急资源的储备（事件前）、应急资源的调配（事件中）和应急资源的回收（事件后）。具有这种现象的还有应急预案、应急技术、应急法律法规、应急标准规范、应急体制机制和应急系统安全，一方面它们都贯穿了突发公共事件的整个时间序列；另一方面它们对于城市应急管理系统的有效运行都起到了关键的作用。为了便于分析，抓住城市应急管理系统中的关键要素，整理和归类提取出的要素提出包含 9 大要素的系统要素集 X，这 9 大要素分别是应急资源、应急组织、应急预案、应急技术、应急活动、应急法律法规、应急标准规范、应急体制机制和应急系统安全。

3．建模对象和方法

1）建模对象

城市应急管理系统框架模型的构建涉及的因素极为广泛，构建该模型所要研究的具体对象主要是研究整个系统的结构，以及其中包含的因素及其相互关系。

2）建模的方法

城市应急管理系统框架模型的构建应该根据我国的国情并在对国外大城市应急管理系统研究的基础上，提出一个具有中国特色的城市应急管理系统框架模型。例如，我国政府的行政体制和美国不一样，在应急管理过程中政府各部门之间体现为垂直方向的上下级关系和水平方向的协作关系；另外，城市应急管理系统研究在我国才刚刚起步，所要考虑的因素相比之下要多一些，中国的城市应急管理系统应该采用一种综合集成的方法来建立城市应急管理系统框架模型。

8.3.2 应急管理系统总体框架模型

在研究国内外城市应急管理系统建设现状的基础上，参考 C⁴ISR 体系结构框架与 Zachman 框架模型，以及国内学者的一些研究经验，提出城市应急管理系统总体框架模型。

城市应急管理系统框架模型所采用的 3 个维度分别是基础维 W_1、业务维 W_2 和保障维 W_3，它们之间的关系如图 8-3 所示。

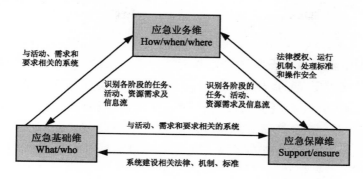

图 8-3　城市应急管理系统总体框架中 3 个维度的关系

W_1={组织系统、预案系统、资源系统、技术系统}，其中包含在城市应急管理过程中涉及的基础性要素。城市应急管理系统是为完成应急管理各个环节任务的，具有特定功能、相互联系的应急组织机构、应急人财物、应急预案和技术构成的完整的有机整体。该维描述了支撑应急业务过程的基础要素子系统，主要包括组织系统、资源系统、预案系统和技术系统的属性。

W_2={应急准备、监测预警、应急响应、应急恢复}，包含城市应急管理过程的活动要素，由应急管理的主要环节构成的。应急准备和监测预警是应急管理的前期阶段，主要是通过事前有效的预防和准备活动减缓潜在突发公共事件发生的可能性，并利用先进的技术手段使人们及早发现已经发生的突发公共事件；应急响应主要是在突发公共事件发生后采取一定的应急处理措施，通过科学决策和指挥调度可用资源减少突发公共事件造成的损失。

应急恢复是在应急响应阶段结束以后进行的现场清理、灾后重建和评估学习等活动。业务维描述了应急管理各阶段的任务、活动、资源及信息流，这些描述对应急技术的设计和添加、人员的培训和业务流程的改进非常有用。

W_3={法律法规、体制机制、标准规范、系统安全}，包含实施应急管理过程的支撑性要素。该维是由监督应急管理系统元素的实施、安排、交互相关的法律法规、体制机制、标准规范及系统安全等构成的集合。

从图中可看出，应急业务维（W_2）为应急基础维（W_1）中子系统的建设提供任务、活动资源及信息流的描述；W_1 中的要素子系统是 W_2 的基础要素子系统，包含与城市应急管理活动、需求和要求相关的子系统；W_1 和 W_2 中子系统的建设都离不开应急保障维（W_3）中要素子系统的约束和指导作用，而 W_1 和 W_2 的建设又反过来影响 W_3 的建设。在城市应急管理系统框架模型中每一维都有其相应的划分，这样整个系统框架模型就被分为许多块，每一块代表系统的一个部分。

8.3.3 城市应急管理系统总体框架模型的维度分析

1. 应急基础维

1）应急管理组织系统

应急管理是各级政府及各个政府职能部门的职责和责任，把应急管理的职能整合到各级政府和各个政府的职能体系之中，以及各级政府和各个政府部门的日常工作之中是非常重要的。为了提高管理的效率，应急管理的工作不能只是简单地分部门指派，而需要统一指挥和统一领导。需要整合各种力量和资源，以及常态与非常态管理战略、政策和机制的结合，因此建立一个统一领导、分工协调，富有弹性且适应性很强的组织系统以应对各类突发公共事件十分必要。

城市应急管理系统中的组织系统是一个全方位、立体化、多层次和综合性的应急管理网络，是一个能动员城市各级政府力量的多维度、多领域和多层级的协作型系统。

在组织系统的设计时一般我们需要考虑以下几个方面：

（1）城市应急管理组织系统能够体现应急管理全过程的完整性原则，应该承担应急预案的制订、应急物资的储备与调配、应急处理的实施，以及灾后重建等一系列职责，负责从应急准备到应急恢复整个过程所有事务的管理。根据应急管理阶段的划分，城市应急管理组织系统可以进一步划分为应急准备组织系统、监测预警组织系统、应急响应组织系统和应急恢复组织系统，如图8-4所示。

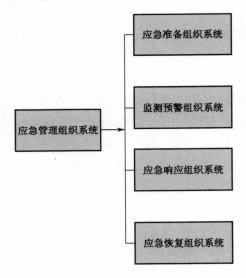

图 8-4　城市应急管理的组织系统

（2）城市应急管理组织系统要具有层次性，根据城市突发公共事件应急管理的特点和规律，城市应急管理可以划分为不同级别的组织层次。从纵向来看，城市应急管理组织系统可以分为市、区（县）、街道（乡镇）和社区（居委会及村委会）4个主要层次。市一级主要由市政府负责管理和协调整个城市范围内所有应急管理活动，为了强化应急管理的领导权威，构成强有力的指挥协调中枢，在市一级应设立政府应急管理常设中枢机构——市应急管理委员会作为市应急管理工作的最高行政领导机构。下面可以设立具体办事机构——市应急管理办公室，对全市应急管理工作进行综合及全方位的领导和管理；区（县）一级主要是指区（县）应急管理机构在市一级应急管理机构的统一领导下，具体负责本辖区内的各项应急管理工作；街道（乡镇）一级和社区（居委会和村委会）一级则是在更小的区域内进行各项应急管理活动。从横向上看，城市应急管理组织系统实际上涉及绝大多数的政府管理部门，包括公安局、消防局、地震局、气象局、海洋局和卫生局等，包含一级应急行政区域内参与应急管理工作的所有相关组织与部门之间的耦合关系。

（3）城市应急管理组织系统必须有利于应急信息的沟通，城市应急管理活动中包含了大量的信息，良好的信息沟通在应急管理中发挥的作用是勿庸置疑的，而各类应急信息的沟通情况与应急管理主体的组织整合状态又是密切相关的。在城市应急管理系统的构建中，无论是组织系统的纵向整合，还是横向整合，首要目标就是保证应急信息的高效率运转。在纵向整合方面，要尽量减少信息流传递的层次以防止信息的丢失或失真；在横向整合方面，要实现不同政府管理部门之间的信息共享。并且各应急管理组织可以在利用先进的信息技术实现政府信息的纵向和横向共享，及时有效地收集信息，为政府决策、组织协调和有效沟通提供条件。

（4）城市应急管理组织系统能够适应资源管理的需求，在城市应急管理组织系统的横向层次上，由公安局、消防局、地震局、气象局、海洋局和卫生局等管理主体为整个城市提供具有差异化、稳定性和积聚性的应急资源。在城市应急信息流的驱动下，这些资源能够被调动到突发公共事件的发生区域。从而减少事件造成的生命财产损失，并帮助事后的恢复重建工作。在组织系统的设计中，既要考虑到应急资源的科学布局和优化配置，又要考虑到资源的集成调度问题，以提升整个城市协调所需资源的能力。

综合以上几个方面，城市应急管理组织系统设计如图8-5所示。在市应急管理委员会办公室下设6大中心，在其他应急组织的协作下共同完成对全市突发公共事件的应急管理。

其中应急准备中心主要负责领导全市的各项应急准备工作，包括通过各种手段向市民宣传安全知识、针对可能发生的突发公共事件进行应急培训和演习，并且指导各相关应急管理组织做好应急资源的准备工作等。

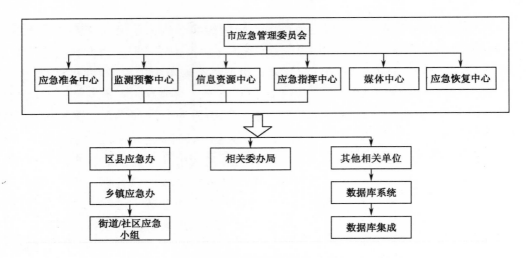

图 8-5　城市应急管理组织系统设计

监测预警中心主要监测重点防护对象和重大危险源，一旦发现异常情况，则快速准确地发布预警。

信息资源中心管理突发公共事件信息、应急资源信息及领域应急专家的信息，建立全面的全市突发公共事件应急管理数据库，实现全市突发公共事件应急信息资源共享平台。

应急指挥中心主要负责突发公共事件发生时的指挥协调，提供应急对策和应急行动的全方面统筹，确保应急响应过程有条不紊地进行，当发生突发公共事件时应急指挥中心应与现场指挥中心建立双向连线。对于一般性的突发公共事件主要实行属地化管理，由现场指挥中心完成应急指挥和管理工作，市应急指挥中心应做好参谋、情报与通信联络工作。当发生重大和特大突发公共事件时，应对工作将由市级应急指挥中心统一指挥协调全市的各种应急资源和救援力量。

媒体中心主要负责对外新闻发布，及时发布突发公共事件应对过程中的各类信息。以确保公民的知情权，避免市民产生不必要的恐慌。

应急恢复中心主要负责事后对突发公共事件的原因、责任人进行调查，并指挥受灾地的恢复重建等工作。

2）城市应急资源系统

城市应急资源的配置与整合是一个非常复杂的过程，广义的城市应急资源指在城市应急管理能力建设活动中不可缺少且数量有限的社会基本因素。在构成要素上，包括自然要素与社会要素、有形要素与无形要素、硬件条件与软件条件、人力资源与体制资源，以及工程能力与组织能力等多方面要素；狭义的应急资源指应急组织运行所需的人、财、物和信息资源。城市应急管理系统中的资源系统是完成城市各类应急资源的配置、整合与管理的系统。

在设计资源系统时一般需要考虑以下几个方面。

（1）资源系统的建设应该涵盖应急资源管理的各个方面，如应急资源的识别、应急资源的优化和布局及应急资源的评估和调度。

（2）资源系统的建设需要实现各种应急资源，特别是信息资源的整合。

由于应急信息资源的使用涵盖了应急管理的整个过程，并且城市应急管理系统的内在需求决定了信息资源的整合趋势，因此在构建城市应急管理时需要从以下几个方面实现信息资源的整合。

（3）将分散在专业应急信息系统中的信息经过筛选、过滤、加工和综合汇总到信息资源中心。

（4）通过设置监测点收集各种潜在的危险源信息以进行预测预警分析。

（5）利用 GIS/GPS 技术在电子地图上，当点击到事发地坐标时能以图像实时显示突发公共事件的处理实况，将突发公共事件特征信息和应急处理进度信息传递到应急指挥中心和信息资源中心，并利用先进的智能决策平台辅助领导应急决策。

（6）能以表格的方式显示事发地附近的消防、救援设施、物资、医疗机构和最优运输路径信息等，有效调度应急物资。

3）城市应急预案系统

突发公共事件应急处置预案是政府应对突发公共事件的纲领性紧急行动方案，城市应急管理系统中的预案系统是完成城市各类应急预案整合与管理的系统。预案系统是整个城市应急管理系统有效运转地必备因素，一方面，应急预案为应急管理系统地正常运行提供了行动指南；另一方面，采用一定的方法评估应急预案可以将获得的经验补充到整个应急管理系统中，用于改进和完善应急管理系统并确保预案的实施。

城市应急管理系统中的预案系统应该涵盖应急预案管理的各个方面，包括应急预案的制订、应急预案的分类分级、应急预案的评估、应急预案的更新，以及应急预案的模拟与演练等，并且城市应急预案体系应该是一个横向到边、纵向到底、网格化且全覆盖的应急预案体系框架，应该覆盖包括学校、社区、农村和企业等各个行业和领域。

4）技术系统

应急信息系统的建立可以提升整个城市的应急管理能力，其建设目标就是为了配合应急管理的全过程，应用先进的信息技术、通信技术和网络技术融合科学的方法为城市的应急指挥提供决策辅助。并且实现大面积、跨专业和部门的各种资源的实时调度，使应急管理过程更加科学和可视化。

2．应急业务维

应急业务维主要包括应急准备、监测预警、应急响应和应急恢复 4 大业务系统及其子系统。

1）应急准备

应急准备是整个应急管理活动的重要一环,有效的应急准备可以大幅度减少突发公共事件发生的可能性并降低损失的程度。

一般情况下,应急准备可以分为政府应急准备和民间应急准备两个部分,在这个系统中包括安全规划管理、应急资源管理、应急预案管理、应急能力评估、培训和演习及发布管理等活动。

（1）安全规划管理是与城市总体规划关系密切的管理措施,主要包括城市重大危险源的分布管理,以及城市基础设施的规划管理等内容。在危险源管理方面一般可以采用分类管理的方式,对各类不同类型的危险源进行统一的罗列和分类。从而方便在制订预案及突发公共事件的反应过程中,根据事件的性质有针对性地管理和监控各类危险源;同时通过一定的技术手段,将危险源相关单位更为紧密地联系到整个突发公共事件应急管理系统中以实时监控。一旦有突发情况能立即发现,并迅速响应,加强对各类危险源的控制。在城市基础设施的规划管理方面,应根据城市的性质、规模、布局、地理位置、资源分布,以及特有和潜在的各类突发公共事件发生的可能性,有针对性地规划布局。

（2）应急资源管理主要包括各类应急组织确定一套全市统一的资源分类标准、调查清楚各应急组织现有资源概况、根据应急预案或行业标准确定应急活动需要的资源类型和规模。为尚欠缺的资源种类和数量进行资源补充,并且为应急资源储备设立长期预算等。

（3）应急预案管理主要指应急预案的制订。

（4）突发公共事件应急能力评估的主要目的是为了发现现有系统中存在的问题,提出进一步完善的建议和意见,推动城市应急管理系统的建设。应急能力评估要解决的关键问题是检验具体评估对象在应对突发公共事件时所拥有的人力、组织、机构、手段和资源等应急因素的完备性、协调性,以及最大程度减轻损失的综合能力,应急能力的评估对象可以是某个具体的城市或某个具体的应急组织机构。

（5）培训和演习。应急管理系统中的所有组织和成员,无论是政府机构、私人机构或其他非政府机构人员都应该参与适当的培训以提高应对各类突发公共事件的能力。也必须按突发公共事件的管理和应急流程参加一些实际或模拟真实环境下的演习,特别是多部门联合演习。这样不仅可以不断完善整个城市应急管理系统内各要素协同运行情况,也能够使政府和公众做好应急的心理和物质准备。

（6）发布管理（教育与科普宣传系统）。在应急准备的过程中,一方面各应急组织结构需要根据政府工作安排有效的组织内部及组织间的各项准备活动;另一方面还需要为市民提供大量的信息和资源,以及应急知识和培训服务,帮助和指导市民参与到应急准备活动中来。向市民或企事业单位派发新出版或者修订的应急准备指南,这些指南可以是针对个人的。如个人在家中、在工作时和在开车时如何应对突发公共事件，以及如何照顾那些更需要帮助的对象。也可以是针对各种组织，指导其按照指南中提供的步骤设计行之有效的应急响应方案。通过网络和媒体定期发布社区治安状况、进行过的演习、将要进行的培训项目和社区教育活动等内容，以提高市民的防范意识。

2）监测预警

虽然突发公共事件有突发性和不确定性，但在暴发之前也可能会在社会生活的某个方面反映出一些冲突的迹象。

监测预警作为应急管理业务的第2个组成部分，关键工作是通过监测系统、预测系统和预警系统等认识并辨别出突发公共事件潜伏期的各种症状。使应急管理的工作者能够及时发现问题并良好地解决问题，避免突发公共事件的发生或扩大。

（1）监测系统通过各类突发公共事件相关的数据采集工作实现对整个事件发生发展过程的记录和监控，它可以有效地应对可能的突发公共事件，实现相同领域（如公共卫生部门）及不同领域组织之间的协同运作，对于监测信息的整合非常有必要。

（2）预测系统主要是针对突发公共事件未来发展情况的常规预测，对事件可能发生的地域、事件性质、规模、影响因素、辐射范围和危害程度进行综合评估和分析。

突发公共事件的预测根据监测系统采集的数据及各类突发公共事件的发生发展规律推测出未来短、中及长期是否可能发生某种类型的突发公共事件。突发公共事件预测系统是制订突发公共事件应对策略和措施的重要参考依据。

（3）预警系统针对已经发生或将要发生的突发公共事件在一定的范围内采取适当的方式预先发布事件威胁警告并采取相应级别预警行动的系统，是与监测系统密切相关的系统。它需要整合监测系统提供的各类信息，确定突发公共事件的预警指标及时间要求，在监测实施的过程中报告达到或超过预警指标的事件。

突发公共事件的发生具有突发性和紧急性，因此早期预警在突发公共事件的应对过程中起到了至关重要的作用，而完备的预警系统为预警工作的有效实施提供了科学的手段。

3）应急响应

应急响应由突发公共事件发生后人们采取一系列的救援行动构成，其主要目的是为了减轻突发公共事件造成的危害程度，安置受灾人员以防止事件的衍生或进一步扩大。突发公共事件应急响应是一个需要迅速做出反应，通过政府应急管理部门的组织、协调并启动应急处理程序调动所需资源，稳定有序地处理突发公共事件的过程。响应的具体行动包括突发公共事件评估、指挥调度、决策分析、应急资源管理、应急预案管理、对外信息管理及应急处理评估等。

（1）接警与处警。为了在第一时间对突发公共事件做出反应，应急指挥中心应该设有一个统一且高效的接处警系统，负责对来自不同网络（电话、手机、Intemnet、消防、技防和车载 GPS 等）和报警方式的报警信息进行集中的接警和处警。

（2）突发公共事件的评估指评估正在发生的突发公共事件的种类、危害程度及造成的有形或无形的影响。在突发公共事件发生的初期，首先到达现场的机构必须首先对事件情况进行大致评估，并将评估内容迅速传递到应急指挥部门。应急指挥部门根据这些情况判定事件的种类、规模、层面及损失程度，并决定应急处理行动的内容、形式和规模。这种评估过程在整个事件的处理过程中是持续的，可以说在突发公共事件的发生和发展过程中一直处于实时监控的状态。当事态由于应急处理得当而减轻时，突发公共事件的严重等级会降低。此时应急指挥部门会调整其应急处理行动，减少某些资源的供应；当事态由于某种原因而无法控制，甚至扩大时，突发公共事件的严重等级会提升。此时应急指挥部门会进一步调配相关人、财和物，并请求上级部门的协助，全力应对该事件；同时突发公共事件的正确评估也为应急决策人员的高效决策提供了信息，使其在应急处理的过程中能合理调配各方面资源，并采取切实可行的应急措施。

（3）指挥调度。为了高效地处理各种突发公共事件，在城市应急管理系统的建设中往往需要一个独立的市级应急指挥系统，该系统可以在全市范围内指挥调度并协调各种应急活动的有序进行；同时在应急处理的过程中还需要一个现场指挥系统负责现场的指挥调度工作。

（4）决策分析。在应急响应的过程中市级指挥中心的领导需要针对各种问题进行大量的决策分析，这不仅需要领导小组的成员具有胆大心细、果断坚决和极强的自制力，还需要特定专业领域的专家"智囊团"共同参与。突发公共事件的特点之一就是时间和信息的有限性，很多决策往往是在信息残缺的基础上进行的，所以在决策分析的过程中领导需要采用一些常规与非常规结合的方法。

（5）应急资源管理。这里的应急资源管理主要包括资源需求的识别和确认、资源调动及资源追踪和报告等。

在应急处理的过程中往往需要动用大量的应急资源，所以识别和确认应急资源需求非常重要。应急资源的需求包括资源种类、资源数量和请求单位等内容，一旦资源需求得以满足，需立即调动资源。应急资源管理人员可通过一定方式将资源种类、数量、调动日期、时间、出发地点、使用的交通方式，以及预期到达的日期和时间等信息迅速传递给资源所需地。为了保证资源调动过程的有序进行，减少额外的成本，应急资源的管理人员应在事前做好调动过程的计划与准备，如选择最佳调动路线和安排合理的运输工具等。资源的追踪和调动直接相关，资源的追踪和报告向应急管理者实时显示资源目前所处的位置和状态，确保该资源的相关者（所有者、调动者、接受者及使用者）都能接收到资源的相关信息。既可以确保人员和设备的安全，又能提高调动的效率。

（6）应急预案管理。这里的应急预案管理主要指应急预案的选择与实施，市级指挥中心的领导根据事件信息及智能决策系统的决策支持启动相应的预案，完成应急指挥和协调。

（7）对外信息管理是为了在突发公共事件发生发展的过程中，通过媒体及网站等手段使全社会和广大公众能迅速、及时并准确地了解突发公共事件的真相及相关信息。一方面，应通过政府发言人制度向国内外介绍突发公共事件发生发展情况，说明政府已采取和将要采取的应急措施。既可以消除因信息闭塞而产生的各种谣言，维护社会的稳定，又可以引导市民积极面对并沉着应对突发公共事件；另一方面，通过专家及时向社会公众宣传应对突发公共事件的科学知识，以及必要的自救和互救知识，加强社会各界的应对能力。

（8）应急处理评估包括评估各应急组织的动员情况、组织内部和组织间的协调情况、各级政府在应急响应中的互动关系，以及资源调配情况等内容。

4）应急恢复

突发公共事件发生过后损失已经造成，各项善后工作必须尽快展开，以恢复正常的城市功能和市民生活；同时需对事件发生的原因展开进一步调查，吸取教训，最大限度地杜绝和减少类似事件再次发生。

（1）恢复重建。一些突发公共事件，如自然灾害和恐怖袭击事件的发生在造成重大人员伤亡的同时，往往更容易造成社会重要基础设施的破坏，使得人们的正常生产和生活无法继续。恢复重建就是为了尽快使事发地基础设施得以恢复，重新创造正常的生活秩序并帮助受害者建立信心。恢复重建工作在短期和长期有不同的工作重点，短期工作主要是针对关系到国计民生的项目，包括废墟的清理，水、电、煤、通信及交通的恢复；长期工作主要是针对那些需要一定时间才能恢复的项目，包括房屋和桥梁的重建，以及经济的复苏等。

（2）灾后援助。在应急恢复的过程中包括公共机构、商业界和普通市民都可以从市政府得到各种形式的援助，公共机构和一些非营利性组织可以得到政府的资金支持尽快修复受损设施；商业界可以得到贷款以实现经济复苏；受灾市民则可以得到食品援助、失业援助和住宿补偿等。

（3）事件调查。应急响应过程结束后应该成立相应的突发公共事件调查小组对整个事件进行总体调查，包括事件发生的具体原因、人员伤亡及财产损失情况、应急响应的整个环节是否得当、法定责任人是否按法定程序履行了其职责、采取的应急措施是否依据了一定的标准，以及事件的性质和事件的发生是否存在责任人等。

（4）应急资源管理。这里的应急资源管理主要指在应急响应过程中使用资源的回收和修复，以及添置新资源。在应急恢复的过程中，应急资源所属的组织机构将在使用资源后逐步回收，并根据资源的使用情况维修和添置资源，以确保资源可被再次调动。当然资源的回收和增添也需要依据相关的规定和说明完成。

（5）应急预案管理主要是指应急预案的评估和修订。

（6）应急恢复过程中的对外信息发布也很重要，将突发公共事件责任单位、突发公共事件调查小组出具的调查报告和应急恢复工作的进展等情况公之于众，消除事件给公众带来的心理影响，也让人们从中吸取经验教训。

3. 应急保障维

应急保障维主要包括法律法规、体制机制、标准规范和系统安全。

1）法律法规

建立一套完整的应急法律体系，确保政府各项应急管理工作的合法化，使应急管理活动真正做到有法可依和有法必依是应急管理的重中之重。通过对美国和日本等国家应急法律体系的研究，我们发现重要的相关法律都是在重大突发公共事件的推动下颁布实施，并不断改进的。我国目前应急法律体系还不完全，一是一部能够明确规定各级政府在处置重大突发公共事件中应当遵循的基本原则的《突发事件应对法》正在审议阶段；二是一些急需建立的应急制度尚未通过法律和行政法规建立起来。在已经建立的应急法律中，有的是部门规章或者规范性文件确立的。其规范性不够强，效力不高；三是除了国家级的应急法律法规外，地方性的应急法规体系存在严重缺陷和诸多弊端，因此建立健全国家应急法律框架及城市应急立法工作刻不容缓。

2）体制机制

在城市应急管理系统中，按照应急管理的整个业务过程，针对不同类型的突发公共事件建立和健全政府应急管理体制和机制是保障应急管理工作有效进行的另一个重要保障。根据突发公共事件应急管理业务过程，城市应急管理机制主要分为 4 个方面，即应急准备机制、监测预替机制、应急响应机制和应急恢复机制。

3）标准规范

在城市应急管理系统的建设中，要加快标准规范的建设，从而确保其他子系统的有效运作。城市应急管理标准的体系结构如图 8-6 所示。

4）系统安全

系统安全涵盖了基础维和运作维的方方面面，包括物理安全、人员安全、活动安全、通信安全、网络安全和信息安全等。

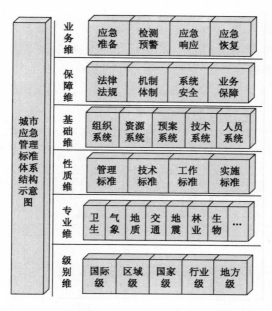

图 8-6　城市应急管理标准的体系结构

8.4　城市应急管理系统总体技术框架

城市应急管理系统总体技术框架是城市应急管理系统框架模型的一部分，是城市应急管理系统框架模型的一个重要子框架，其中描述了技术系统及保障技术系统有效实施和运行的法律法规、标准规范、体制机制和系统安全（保障维）组成要素及其关系。

城市应急管理信息系统应该是构筑在城市公共基础设施（如通信网络和计算机网络）之上且连接各个相关行业（公安、气象、疾控和军队等）业务信息系统。运用先进的网络技术、计算机技术和多媒体技术采集、传输、存储、处理并分析与突发公共事件相关的各类数据，实现应急指挥的辅助决策和应急资源的科学调度等功能。结合城市应急管理系统总体框架模型和城市应急管理的特点，城市应急管理系统总体技术框架如图 8-7 所示。

其中包括 5 层，即网络通信层、信息资源中心、应用支撑平台、业务应用平台和综合信息门户。

1）网络通信层

网络通信层是应急信息传输的平台，是整个应急管理信息系统的基础，主要分为有线通信系统、无线通信系统和计算机网络系统。其中计算机网络系统在城市应急指挥中是完成辅助指挥调度、信息传递、信息共享和智能决策等功能的基础；通信系统由有线通信和无线通信网组成，在通信组网时应考虑将不同通信系统通过标准的软硬件接口及通信协议互联，以实现不同通信系统中用户终端互联。特别是在无线通信中应注重数字集群的应用，以及模拟集群向数字集群的转化和二者在一定时期内互相通信。

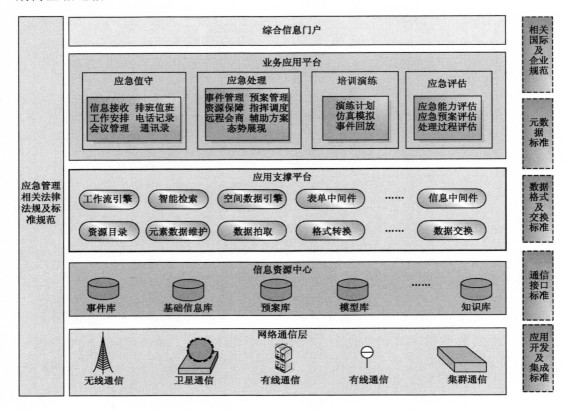

图 8-7　城市应急管理系统总体技术框架

2）信息资源中心

在城市应急管理系统技术框架模型中信息资源中心构建于网络通信层之上，为上层应用支撑平台层提供各种信息资源，并应用先进的网格技术和元数据目录技术等实现对应急管理系统中分布及异构的信息资源的共享和集成。在城市应急管理系统中信息资源中心存储的信息资源主要包括社会、政治、经济和军事等所有与应急活动相关的各方面信息，分为基础信息资源、业务信息资源和综合信息资源。

3）应用支撑平台

应用支撑平台层在整个技术框架中承担承上启下的关键作用，处于业务应用层和信息资源中心之间。根据城市应急管理系统的具体需求，该层为业务应用平台层提供了各类支撑服务以实现其业务功能，其设计会直接影响到系统的稳定性、安全性及可靠性等重要因素。

4）业务应用平台

业务应用层是在应用支撑平台层的基础上实现应急管理各项业务的应用系统，按照应急管理的业务过程，主要分为 4 大业务应用，即应急准备、监测预警、应急响应和应急恢复（恢复/评估/分析）。

5）综合信息门户

综合信息门户是整个应急管理信息系统面向最终用户的入口，是各类用户获取各类应急辅助服务的主要入口和交互界面。该门户通过实现集成的信息采集、内容管理和信息搜索，能够直接实现各类信息共享，面向不同使用对象通过门户技术实现个性化的服务。用户可以通过手机、电话、Internet、信息亭、电视及 PDA 等多种渠道，在任何时间和任何地点参与到应急活动中。

第 9 章　基于 GIS 的城市统一接警管理系统设计

9.1　概述

9.1.1　概述

随着我国国民经济的迅速发展，地市级和县级城市建设，城市规模的不断扩大，相应的各种警情因素也在不断增加。城市中的警情，特别是恶性刑事案件、重大火灾和频繁车辆交通事故的发生都给公安通信指挥工作提出了许多新的课题和更高的要求。

近年来，各地级市或县公安系统，包括公安、消防和交通在各自领域的工作实践中都在不断地努力应用现代通信、计算机和信息处理等高新技术和装备提高自己的技术装备水平和工作效能，很多的市县也建立了各自的自动化或半自动化的 110 指挥系统、122 指挥系统及 119 指挥系统。但随着时间的推移，诸多问题，如系统之间无法协调和资源重复建设造成浪费等也都暴露了出来，逐渐不能满足城市建设及政府工作对公安处警服务指挥能力和社会救助服务水平要求的需要。于是本着集中接警、统一指挥、分类处警、快速反应及信息共享的原则开始着手规划建设能够将 3 个系统合并集中接处警、功能更完善且性能更先进的公安应急通信指挥系统，即"三台合一"通信指挥系统。

随着计算机、通信及信息处理等高新技术的飞速发展，使得建设现代化和数字化的公安"三台合一"通信指挥系统成为可能。

本章所描述的系统依据公安部"金盾工程"总体规划及其制订的《地级（含）以上城市公安机关"三台合一"接处警系统技术规范》和《县、市级公安机关"三台合一"接处警系统技术规范》标准的要求实现报警信息接受的多样化、警情发生地点确定的准确化、出动力量编制的科学化、出动命令和警情信息发送的迅速化、各警种指挥的协调化，以及基于 GIS 警情信息可视化。最终实现全数字化的集中接警和统一调度指挥，提高公安部队快速反应和科学决策能力。有效地应付各种重大警情，减少案件损失。并且确保人民生命和财产的安全，提高人民生活质量和促进社会和谐。

9.1.2　发展概况

"三台合一"通信指挥系统是城市公共安全基础设施的重要组成部分，是城市现代化建设必不可少的重要内容，对于提高公安部队接处警效能具有重要意义。

我国在 20 世纪 90 年代即开始了城市应急通信指挥系统（如最早的城市消防通信指挥系统）建设的探索，公安部也曾向全国发出了关于加快城市"三台合一"通信调度指挥系统建设的通知。要求各地，特别是地和县级公安机关结合本地电信网改造和建设规划依托公安网并依据公安部的有关要求处理好长远目标和近期实施、展示功能和实用效益，以及高起点和低投入的关系，加快城市"三台合一"调度指挥中心的建设进程。2004 年 9 月发布的《地级（含）以上城市公安机关"三台合一"接处警系统技术规范》和《县、市级公安机关"三台合一"接处警系统技术规范》，更是明确并详细地提出了市和县级公安机关"三台合一"的建设目标、功能及实施细则等内容。上海复旦网络股份有限公司、武汉达梦数据库有限公司、深圳中兴信息技术有限公司、成都三零和中国空气动力研究与发展中心等 IT 企业和研究院所都纷纷与当地公安机关合作，在原城市消防通信指挥系统的基础上研制和开发城市"三台合一"通信指挥系统软件及相关硬件或集成产品。并在一些城市投入应用，产生了很好的社会和经济效益。

我国"三台合一"通信指挥系统的发展大致经历了如下几个阶段：

（1）以获取主叫号码为主的阶段：20 世纪 90 年代初、中期有些城市利用中兴通信等公司提供的程控交换机开发一些简单接警软件，以提取主叫号码为主建立简易指挥中心；

（2）以数字调度指挥为目的的阶段：20 世纪 90 年代后期一些发达城市利用通信网络建立自己的指挥数据网，利用电子地图实现全数字化的统一接警和统一调度指挥，建立了较先进的 110、119 及 122 通信指挥系统；

（3）城市应急联动系统建设阶段：从 2003 年开始，各地政府都开始考虑建设包括 110、119、120、122 及 12345 等报警信息处理的应急联动平台。

目前我国"三台合一"通信指挥系统构建形式主要有以下 3 种：

（1）统一接警，同席分类处警形式：系统统一接警，可在同一席位上分别按 110、119 及 122 不同警情处警；

（2）统一接警，异地分类处警形式：系统统一接警，在不同地方分别按 110、119 及 122 不同警情处警；

（3）统一接警，异席分类处警形式：系统统一接警，可在不同席位上分别按 110、119 及 122 的不同警情处警。

为了充分利用现有资源和节约人力、物力和财力，目前很多地方都采用第 1 种构建形式，即集中接警并在同一席位上分类处警的接处警形式。这种形式统一接收 110、119 和 122 报警电话，系统自动将电话分类至相应接处警座席，由该座席处警。如果报警信息与本座席警种不一致，则根据需要及时调整或联合处警。

9.2　系统建设目标

市县级"三台合一"通信指挥系统的实施将实现报警信息接受的多样化、警情发生地点确定的准确化、出动力量编成的科学化、出动命令和警情信息发送的迅速化、警情指挥的信息化，以及警情位置的 GIS 可视化，最终实现全数字化的统一接警和统一调度指挥。提高公安部队快速反应和科学决策能力，有效地应付各种重大恶性警情。以减少损失，确保人民生命和财产的安全。

市县级"三台合一"通信指挥系统的主要性能应符合下列要求：

（1）集中接收 110、119 和 122 报警信号并分类处理信号，首先按照报警电话号码类型分警种接处警。在相应警种座席忙时其他警种座席也可完成接警工作，在确定报警警种后通过人工和技术处理后分类转到相应的处警席位。系统设置 110 报警受理台（座席）1 个~4 个、119 报警受理台（座席）1 个~4 个和 122 报警受理台（座席）1 个~4 个，分别由相应部门的工作人员值班。

（2）能同时受理不少于 6 起报警。

（3）从接警到基层单位接到出动命令的时间不应超过 45 秒。

（4）应设有报警应急接警电话，主要报警受理设备应有热备份。

（5）系统的通信网应相对独立且常年畅通，并应具备自检或巡检能力。

（6）系统应具备为处理重大恶性警情和处置特种事故编制联合作战出动方案和提供辅助决策指挥的能力。

9.3　市县级"三台合一"通信指挥系统的主要内容

市县级"三台合一"通信指挥系统是覆盖一个地级市或县级城市，连通公安接处警指挥中心、消防中队、交警大队、派出所、城市移动通信指挥中心及社会救灾相关单位等环节，并且具有 110、119 和 122 警情受理、通信调度和辅助决策指挥等功能的计算机网络系统，以及相应的应用软件系统组成的通信指挥系统。

根据公安部规范，"三台合一"通信指挥系统主要由如下子系统构成。

1）报警电话受理子系统

该子系统与公众电信网或专网连接，集中受理 110、119 和 122 紧急电话报警，主要包括与公众电信网或专网连接并受理紧急电话报警的传输、自动呼叫分配（排队）及数字录音等软硬件设备。

2）计算机辅助调度接处警子系统

该子系统是接处警系统中的应用软件系统，包括电话用户资料传送、报警信息提取、记录警情、处警方案生成及派发出警单等内容。

3）地理信息子系统

该子系统由公安地理信息平台、电子地图及应用软件等组成。

4）图像显示子系统

该子系统包括组合显示屏、电视墙、控制设备及图像接入设备等硬件，可根据公安局实际情况选择是否使用及使用规模。

5）通信（有线和无线)调度子系统

该子系统的主要组成部分包括接警电话中继、公安城域网、公安无线通信网、有线通信设备、无线通信设备、服务器、网络交换机、计算机、防火墙、路由器和其他辅助设备等。

6）移动指挥车子系统

该子系统是指挥中心指挥调度工作的必要延伸和补充，是可移动的分指挥中心。负责现场指挥工作，并与指挥中心保持实时的通信联络，指挥中心可录音通信信息。该子系统可根据公安局实际情况选择是否使用及使用规模。

7）信息综合管理系统

该子系统的主要组成部分包括信息管理工作站和相关数据库的管理维护应用软件。
市县级"三台合一"通信指挥系统应具有如下基本功能：

（1）能够对接警、有线和无线的调度，以及指挥全过程实时录音，可同时接听并受理 110、119 和 122 紧急报警电话，包括固定目标、移动目标的报警及内部无线通信设备传来的需要处置的情况，实现统一或分座席接警。

（2）能够实现数字化指挥调度，自动或半自动生成各种调度单和出动命令，通过有线或无线方式传送到各派出所、交警大队、火警中队、巡逻车及指挥车等。能够通过信息网络实现网上调度，并且系统地记录、保存、管理接警、处警及出警信息。

（3）能够对多个单位同时发布相关指令，缩短指挥调度时间，提高公安机关的快速反应能力。

（4）能够存储两年以上的接处警语音信息（可自动覆盖过期信息），能够转存并长期保存有效信息。

（5）能够进行四方有线通话。

（6）能够方便地统计分析并预测接处警工作和治安动态，为领导决策提供科学依据。

（7）能够配备 3 个～12 个计算机接处警席位。

（8）借助 GIS 技术实现数据与图形及图像等多媒体信息的综合处理，并以多种形式实现数据的输入、查询、统计、分析及决策等。建立公安 GIS 系统，以便及时且准确地判断警情发生区域。

9.4　总体方案设计

9.4.1　系统设计原则

系统设计原则如下。

1）规范性

系统符合 2004 年 9 月公安部办公厅发布的《地级（含）以上城市公安机关"三

台合一"接处警系统技术规范》和《县、市级公安机关"三台合一"接处警系统技术规范》，以及国家的法律和法规，并满足公安业务的实际需要。

2）先进性

计算机、通信和网络等新技术发展迅速，系统在设备、技术、功能、处理手段和指挥决策等方面应具有先进性，以确保系统整体性能在未来5年~10年内仍具有一定的先进性。系统采用有线通信和无线通信技术集成当前的主要通信手段，为各种可能的报警提供丰富的通信工具，为固定和移动调度指挥系统提供了多种通信渠道。并且拥有多类显示手段辅助公安救援调度指挥，如LED系统及大屏幕投影系统等，可以动态显示警力实力、气象及城市交通等信息。

3）实战性

接警受理台从接警到基层终端台打印出车单的时间不大于45秒。当终端台与其相连接的公安网连接线发生断线或短路时在60秒内发出声、光或文字报错提示信号。系统具有强大的后台数据处理能力，快速的前台反应能力，操作简单快捷。

4）科学性和智能化

系统中的警情辩识系统及出动方案编制系统等能辅助指挥员做出准确的判断和正确的调度指挥。

5）可靠性和安全性

系统的设备、网络和软件系统具有高可靠性，重要数据信息均有备份。各个环节充分考虑安全性，确保系统长期不间断地稳定运行。

6）易使用性和易维护性

系统具有规范的人机交互环境，能够多窗口互相切换，提供键盘和鼠标等多种操作方式。系统利用大型数据库系统接口的能力，将公安地理信息矢量图及众多的图形数据以记录的形式保存在数据库中。以避免因文件系统管理大量矢量图及其他图形文件带来的数据维护不可行的风险，确保信息的完整性。分布式数据库系统实时更新功能保证信息的一致性，确保操作使用简单及日常维护方便。

7）可扩充性

系统具有良好的软硬件接口，采用面向对象和模块化设计方法，便于将来软件功能的扩充和硬件设备的增加与更换。

8）可伸缩性

系统利用构件技术采用模块化设计，可根据城市规模和经费情况扩展或缩小。

9.4.2　系统总体结构

系统包括报警信息接收子系统、中心接处警子系统、基层接警子系统、公安地理信息子系统及综合信息管理子系统 5 大部分，由报警处理、警情辨识、分警种出动方案编制和出动命令下达、综合信息显示、预案管理功能、公安实力统一调度、综合信息处理，以及设备联动控制等功能模块组成。

系统的关键技术是将数字程控交换、有线通信、无线通信、数据库、多媒体、电子地图、计算机局域网、计算机广域网、电信网及信息采集等技术融为一体，利用分布式技术将系统各环节之间、各子系统之间、各专用设备之间和各技术功能单元之间有机地结合起来，以确保在最短的时间内准确完成接警、调度、通信和指挥等全过程的功能。

系统既充分考虑了公安 110、火警 119 及交警 122 通信指挥系统内各系统之间的接口，也预留了与医疗急救 120 系统及县市长热线 12345 之间的接口。

系统各部分是相互独立又紧密联系的，根据实际情况可以整体设计一次实施，也可以整体设计分步实施。各子系统之间通过各种网络与数据库关联，其总体结构如图 9-1 所示。

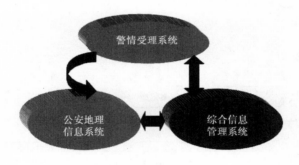

图 9-1　系统总体结构

9.4.3　系统工作原理

本系统工作原理是当任何一个 110、119 和 122 紧急报警电话打入时中继设备根据被叫号码种类，通过语音卡和座席卡将信号传到相应接警台。接警台摘机，并利用电话主叫号码和报警人提供的报警信息辅助接警受理人员迅速并准确地确定警情情况（如果判断为其他警种，则将电话和计算机中的接警信息传到相应警种接警台；如果需要多警种联合出动，则将电话实现多方通话，并将接警信息传到各接警台）；同时系统根据相关资料或处警方案编制系统自动或手动生成处警命令和方案，以处警单形式通过网络快速下达到有关派出所、火警中队或交警大队，并提供报警电话、警情地点、行车路线、火警水源情况和气象情况等信息。指挥中心利用无线通信设备监控中队出动情况、行车路线、行驶速度和位置，根据现场反馈信息，如果需要增援，指挥中心可生成增援命令单。内部无线通信工具报警时，相应处警台可直接生成处警命令。

系统接处警的工作流程如图 9-2 所示。

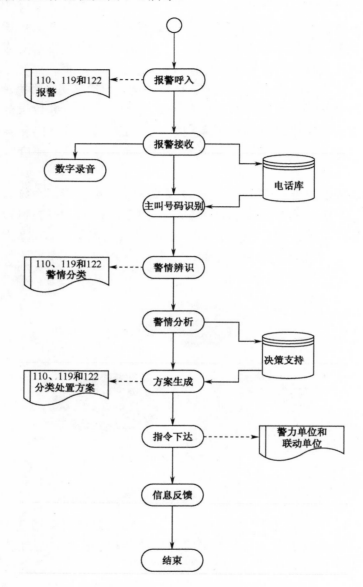

图 9-2 系统接处警工作的流程

为确保系统安全运行，便于系统管理维护，系统设立如下 3 种工作模式。

1）警情受理工作模式

该状态是系统的主要工作模式，处理报警、接警、辨识、决策、调度、通信、检索和控制等一系列实时作业，其指令流程包括报警接受、警情辨识、出动方案编制、出动命令下达、事故现场增援及处警信息反馈等。

2）系统日常管理工作模式

该状态负责维护系统中各类数据库（录入、修改、删除和查询等），以及系统的其他维护工作。

3）训练模拟模式

该状态为调度指挥人员提供模拟训练环境，模拟数据不影响警情受理工作模式的接处警数据。系统工作过程中的数据流程如图 9-3 所示。

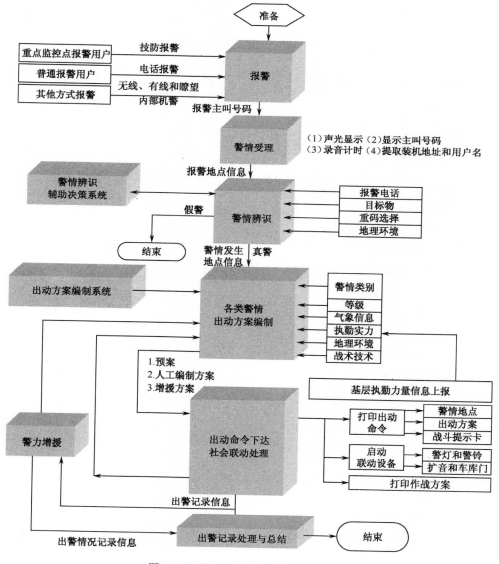

图 9-3　系统工作过程中的数据流程

9.4.4 网络拓扑结构与系统运行平台

计算机网络作为指挥中心信息和数据传输的主要平台，采用快速以太网。网络主机有冗余备份，保证可靠性及稳定性。并且以防火墙和代理服务器隔离内外网络，保证指挥中心局域网自身网络和数据的安全。

系统以指挥中心 Windows 系列局域网为中心，各派出所、火警中队、交警大队公安网与指挥中心局域网连接。指挥中心局域网通过 2M 口接入设备与电信网连接，系统网络拓扑结构如图 9-4 所示。

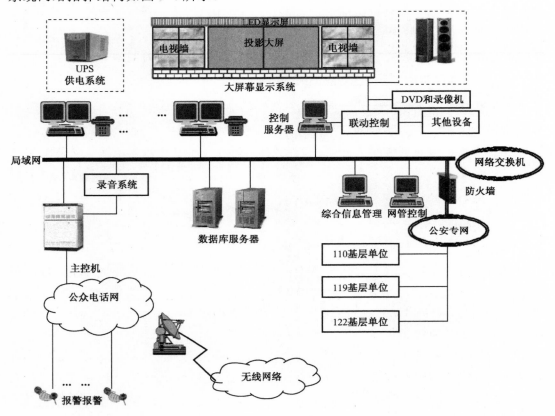

图 9-4　系统网络拓扑结构

系统以 Windows 系列作为计算机的操作系统，以 Oracle 10g 和 Titan GIS 作为信息管理的运行平台，硬件设备可根据城市规模确定。

9.4.5 系统功能概要

系统功能概要如下。

1. 报警处理功能

系统利用公用或专用的通信网通过 110、119 和 122 电话号码向"三台合一"通信指挥中心报告警情。警情接收及报告通过以下通信方式实现：

（1）程控交换机（或有语音卡的工控机）接收城市公众电话网的 110、119 及 122 电话报警；

（2）通过程控交换机（或有语音卡的工控机）接收公众移动通信网的 110、119 及 122 电话报警；

（3）通过计算机输入设备在计算机显示屏上操作，向程控交换机（或有语音卡的工控机）发出控制命令，实现电话应答及多方通话呼叫。

对 110、119 和 122 电话报警进行统一自动分配，如果相应座席忙，则转到其他空闲的警种座席。在排队的报警电话中优先分配 119 报警电话到座席。各类报警信号呼入时，系统具有报警提示的声光信号，并可以区别一般电话的呼入和报警提示。

2. 警情辨识功能

对于公众电话报警，系统可根据报警电话号码、装机地址和用户名称等信息在计算机接警电子地图上显示报警所在位置，辅助警情辨识。

根据需要可显示在警情发生地点附近的相关信息，如管辖派出所、管辖交警大队、管辖消防中队，以及消防实力、水源、街道、交通道路、重点防控单位、化学危险品、煤气管网、电力网、电信网、医疗救护单位和环境保护单位等的地理分布信息。

3. 分警种出动方案编制和出动命令下达功能

出动方案的优劣决定了消除警情和实施成功救援的成败，因此在较短的时间内编制出符合实际情况的出动方案并及时准确地下达出动命令至关重要。系统包括 110 出动方案编制、119 出动方案编制和 122 出动方案编制，以及相应的出动命令下达功能。以火警 119 为例，具体功能如下：

（1）根据火灾类别、火势等级、消防实力、气象情况、地理环境、化学危险品和灭火救援战术技术等相关因素自动、半自动或人工编制出动方案。

（2）向相关各消防中队下达出动命令，并打印命令出动单。出动命令包括报警电话号码、报警时间、下达命令时间、火灾地点、出动方案和行车路线等信息。

（3）对消防重点保护单位发生的火灾警情，系统调用有关该单位的消防救援预案，辅助编制出动方案。

（4）为火灾现场发出的增援请求编制增援方案。

4. 预案管理功能

预案管理功能指对重点单位、重点对象、重大案件和重大事件的处置预案的存储、管理及检索等。一些警情的处置可以在处警时直接使用预案，这样既增加了系统处警的准确性，又节约了时间，使出动命令更加方便、快捷且迅速地发出。

5．综合显示功能

信息的动态完整显示为制订救援出动方案提供了重要的辅助决策依据，系统通过大屏幕投影和 LED 等多种先进的显示设备动态显示公安实力、气象信息、交通要道图像和各种与公安相关的地理信息等信息，可整屏显示、分屏显示和切换显示等。

本功能可视公安局财力情况自行选择使用规模及是否使用。

6．公安实力统一调度功能

指挥中心可根据需要通过处警命令单的形式或在特别紧急情况下通过公安无线通信网络临时统一调度全市县的公安警力。在案情现场也可通过无线方式将统一调度报告指挥中心，由指挥中心完成统一调度任务。

7．综合信息处理功能

综合信息处理的主要功能是对公安地理、气象、消防水源、警力实力、重点防控保卫单位的基本情况、各类警情灾害事故特性、化学危险品和出动救援战术技术等信息进行采集、存储、检索、处理、显示、传输和分析，具体内容如下：

（1）数据通信过程中数据传输显示窗口可显示发送成功与失败，以及接收正确与错误等相应的传输状态。

（2）数据通信发送失败后能自动重发，连续 3 次发送失败自动退出重发状态并给出声音和文字提示。

（3）实时自动接收和清晰地显示指挥中心接处警受理台发送的受理信息，并分警种给出不同颜色的警示信号。在接收警情受理信息时，台内其他功能的操作不影响显示警情受理的情况。

（4）能检索和显示完整的系统数据库的全部内容，包括全市、县公安实力、警力分布、消防水源、全市县重点防控保卫单位、化学危险品、重大警情灾害事故特性、救援战术技术、气象和公安地理信息等。

（5）自动记录灭火指挥过程中的话音通信，并能重复播放。

（6）录制、查询和播放警情现场图像信息。

（7）可将上述信息以数字格式存储。

（8）能显示数字中继线路的呼入、占用、空闲和故障等状态，以及普通电话的占用、空闲、呼入和呼出等状态。

（9）能检索和输入相关单位的电话号码，按单键后自动拨打选中或输入的电话号码。

8．设备联动控制功能

该功能主要包括如下方面：

（1）控制警铃和扩音等联动设备的启动与停止。

（2）当出警命令发出后，相应基层单位接警台的警铃和声光设备被启动提醒接警员接警，接警过程完成后则关闭这些设备。

（3）数据变化时，各相关计算机的联动系统计算机具有自动校时功能。当计算机进入软件系统时自动获取数据库服务器的时间，并将本机时间改为与其一致的时间。

（4）当气象和警力等信息发生变化时，指挥中心及基层单位各计算机的相关信息随之修改。

9.5　核心子系统功能详细设计

9.5.1　报警信息接收子系统

报警信息接收子系统处于"三台合一"通信指挥系统的初始环节，主要功能是实现与公众电信网的连接。集中接收 110、119 和 122 紧急报警电话信号，并实现自动呼叫分配（排队）、119 优先分配及四方通话等功能。

1. 设计目标

（1）具有接警监听、插话和主叫号码提取功能；能够支持中国电信一号和七号信令；支持 3 个～12 个座席接口；支持双 E1 接口和自动录音等基本功能；遇忙语音提示和四方通话功能等。

（2）具有自动呼叫分配（排队）功能、优先分配功能、软件拨号呼出接口和屏蔽骚扰电话等功能。

2. 功能结构设计

综合考虑市县级公安局的接警量大小及经济能力等因素，子系统的硬件部分不使用程控交换机，而使用工控机加数字语音中继卡及座席卡的方式实现，相应功能则通过编程实现。

3. 呼叫分配（排队）及优先分配策略设计

在座席卡接口数量允许的情况下，可设置 110、119 和 122 的座席数，系统设置 110 座席接口两个（即对应两台 110 中心接警受理台）、119 座席接口两个及 122 座席接口两个。对 110、119 和 122 紧急报警电话进行相应座席的统一自动分配，如果相应座席忙，则转到其他闲的警种座席。在排队的报警电话中优先分配 119 报警电话到座席。软件拨号呼出接口通过定时索取系统数据库中的外拨电话号码记录，利用语音卡的外拨功能实现接处警座席的软件拨号功能。如果被叫电话接听、挂机、忙或无应答，则修改系统数据库的相应记录，以便接处警座席做出相应处理。

4. 骚扰电话屏蔽策略设计

对拨打次数过多的骚扰电话自动屏蔽一段时间（骚扰电话由接警员确定，屏蔽时间长短由系统管理员确定），并通过自动语音警告来电用户。

当有来电信号时，子系统在系统数据库中检索是否为需要屏蔽的骚扰电话和屏蔽时间等信息。如果确定是骚扰电话并在屏蔽时间内，则通过语音提示警告来电人停止骚扰。

9.5.2 中心接处警子系统

中心接处警子系统即指挥中心接处警子系统，是"三台合一"通信指挥系统技术构成中通过通信网络采集、处理警情及相关信息并进行调度和辅助决策指挥的部分，是运行在指挥中心接处警座席计算机上的程序模块。

1．设计目标

（1）系统能在警情受理、系统日常管理及训练模拟 3 种模式下工作。

（2）每一警情受理台采用一机双屏显示，可同时显示警情受理信息及地理信息。

（3）提取和显示报警电话用户资料，自动显示报警电话用户电话号码、机主名称、装机地址（"三字段"信息）、拨打次数及来电时间等。

（4）多方通话，可通过转接功能完成 110、119 及 122 自动或手动分至相应警种座席。以实现接警过程中的三方或四方通话，被叫电话也可通过预存号码由计算机拨出。

（5）生成接警单，用于记录接警信息，并可完成 3 个警种的接警单转换。

（6）受理界面在接警、辨识、编制出动方案和下达出动命令等流程中显示内容清晰，符合操作顺序，操作过程简单且方便。

（7）可通过"名称"、"地址"、"电话"和"发生地"等输入或检索确认警情地点。

（8）各基层单位警力可检索显示，出动方案可选择预案、增援方案或人工编制方案。

（9）系统应规定操作权限，如退出系统、编辑和维护等操作，违规操作有声音和文字警告。

（10）记录接警台的交接班记录。

2．功能结构设计

1）警情接收

警情受理计算机自动处理流程包括以下内容：

（1）对于分配到本座席的来电号码的能够自动显示，并自动提取电话用户机主名称、装机地址、拨打次数和来电时间。系统定期从电信局取得用户资料并输入到数据库中，通过提取数据库获得用户信息。

（2）可自动识别重点防控单位的报警电话，接处警计算机系统根据主叫号码自动从装机地址数据库中搜索到报警电话的装机地址，判断是否为重点防控单位报警。

（3）根据报警电话的装机位置自动判断是否为同一起警情，当出现警情时，肯定会有多个报警电话打入。如果能够事先提示接警员可能是同一起警情，则对于赢得接警时间非常有效。如果是固定电话报警，系统也可以采用判断电话装机地址的方式分辨出是否为同一起报警。

（4）启动 GIS 地理信息系统初步定位报警电话位置和警情位置，固定电话报警位置可以根据装机位置确定，一般来说，报警电话位置和警情位置相距不会太远。当报警用户报出警情的精确地址后，GIS 系统将根据该地址定位。

（5）启动自动数字录音。

（6）记录警情接收情况，包括接警时间、主叫号码、报警人姓名、地址、单位、警情地址，以及单一警种或多警种警情等信息。

2）警情辨识

警情辨识是系统提供的根据警情信息确认警情发生地点、真伪、类型和严重程度等的能力，主要的功能如下。

（1）根据来电显示定位案件发生现场地点。

（2）根据报警电话类型、发生地点特征、地理环境、GIS 地理信息系统定位的地点和报警人报告的地点，对照决定警情地点的准确性。

（3）受理人根据个人经验判别。

（4）参考其他相关信息。

（5）记录和处理假警。

（6）通过对警情的辨识，如果判断案件警种与本受理台（座席）不一致，则通过多方通话功能将语音和数字信息传到相应空闲接警台，本席接警结束；如果需要多警种联合出动，则将数字信息复制到其他接警台，本席继续处警工作。

3）编制出动方案

出动方案的优劣，特别对于 119 和 110 而言，决定了破案或救援的成败，因此在较短的时间内编制出符合实际情况的出动方案和及时准确地下达出动命令至关重要。

（1）编制 110 出动方案：根据几类信息科学地编制出动方案，一是报警人员提供的案情信息，包括发生地点、路段、单位、地理环境和严重程度等；二是辖区派出所、邻近派出所的执勤警力、相关路段巡逻警力（无线通信联系）、车辆实力及装备实力等信息；三是案件时间和气象条件信息；四是各类成功的类似案件的经验、技术方案和实战案例信息。

（2）编制 119 出动方案：根据几类信息科学地编制出动方案，一是报警人员提供的火灾信息，包括火灾单位生产性质、火灾类别、火势等级、蔓延速度、人员危险性和建筑结构等；二是着火地点的地理环境信息，包括毗邻单位建筑、供水能力、道路交通、河流水源和距最近中队的距离等；三是辖区消防中队、邻近消防中队的消防车辆、车辆类型、人员数目、特种消防器材和通信器材等消防实力信息；四是火灾时间和气象条件信息；五是各类成功的灭火战术、技术方案和实战案例信息。

（3）编制 122 出动方案：根据几类信息科学地编制出动方案，一是报警人员提供的事故信息，包括发生地点、路段、单位、地理环境、交通情况、严重程度、有无伤亡及伤亡程度等；二是辖区交警大队、邻近交警大队的执勤警力、相关路段巡逻警力（无线通信联系）、车辆实力和装备实力等信息；三是案件时间和气象条件信息；四是各类成功的类似案件的经验、技术方案和实战案例信息。

系统综合上述各类辅助信息，可采用自动、半自动生成和手工编制 3 种方式形成出动方案。

4）下达出动命令

当出动方案生成后，由处警系统通过计算机网络将出动命令发到责任派出所或火警中队或交警大队的接警计算机上并打印，从接收报警到出警整个过程在 45 秒以内完成。

以消防 119 为例，下达的出动命令信息包括火灾地点的消防资源情况、火灾类型、火势等级、出动方案、作战预案中的灭火力量部署和作战计划等；下达形式包括语音、文字和图形，具体内容如下：

（1）启动消防中队联动装置提醒中队准备出动消防力量。

（2）将出动命令、作战方案及战斗提示卡等以文字和图形方式传送给相关出动中队。

（3）将火灾地点周边电子地图、消防资源情况、火灾类型、火势等级和注意事项等以文字和图形方式传送给相关出动中队。

（4）根据需要将火灾情况和出动情况通知相关的社会部门请求支援。

5）增援

出动命令在下达之后和结案之前，指挥中心的接处警受理台可根据需要向现场提供实力增援和信息增援。

（1）实力增援，根据现场情况，系统编制增援出动方案，并给相关基层单位下达增援出动命令。

（2）信息增援，系统通过无线通信工具向现场提供支持或进一步提供现场地点的相关信息（如 119 的图纸等）。

6）自动录音

自动记录整个报警及调度指挥过程的语音信息，并记录发生日期和时间。记录的语音信息可作为档案保存，以备日后检索及查询。系统提供手动录音功能，录音接处警人员认为应该记录的语音通话。系统具有录音、检索和放音等功能。

7）模拟指挥训练

模拟通信指挥系统的功能包括接警、处警、出警，出动方案、增援方案的编制和灭火出动记录等。系统登录时，如果操作员选择"模拟训练"选择项，则进入该功能，模拟训练产生的数据不影响其他正常数据。

9.5.3 基层接警子系统

基层接警子系统的主要作用在于利用现代通信网络快速、准确且清晰地接收并打印指挥中心的处警命令，以便于基层民警和武警按照处警命令执行任务。

1. 设计目标

（1）能在警情接收及系统日常管理等模式下工作。

（2）接警终端台能接收指挥中心接处警计算机下达的出动命令并打印出动单，出动单内容应包括报警时间、下达命令时间、警情地点、出动方案及行车路线等信息。

（3）能输入本单位值班领导姓名、值班员姓名、民警、武警人数、车辆编号、车辆类型及车辆状态等警力信息，并向指挥中心数据库发送。

（4）能按照结案单要求输入并存档。

（5）规定操作权限，如退出系统、编辑及维护等操作，违规操作有声音和文字警告。

（6）记录接警台的交接班记录。

2. 功能结构设计

1）上报执勤力量

各派出所、119中队及交警大队随时将警力变更情况上报到指挥中心的执勤力量库中，以便出动方案编制系统和信息显示系统使用，主要包括值班领导姓名、值班员姓名、执勤警力人数、车辆编号、车辆类型及车辆状态等信息。

2）接警模块

接警模块的主要功能如下：

（1）与指挥中心语音通信和数据通信，语音通信既可以采用传统的电话通信方式，也可以采用计算机通信方式；数据通信主要在指挥中心和基层之间传送出动指令和情况汇报等信息，这种信息的传送采用文字、图形及表格等方式。

（2）接收指挥中心下达的指令并打印命令出动单，指挥中心的指令通过计算机网络通信的方式下达到各基层单位计算机，也可以辅助以语音方式。基层计算机在接收到指令后，自动打印命令出动单并启动相关的其他联动功能。子系统自动显示警情的地理位置及其周边的情况并打印周边电子地图。

（3）联动控制，当接警子系统接收到指挥中心出动指令时系统可以同时自动启动警铃等设施，为警力的出动做好各种准备工作，以赢得出动的时间。

（4）日常值班及交接班管理工作。

3）结案管理

当警情解除后，可通过该功能登记本次任务执行情况，包括执行经过、警情性质、处理办法、造成后果及伤亡情况等信息，结案处理后计算机自动将此次任务记录归档。

9.5.4　公安地理信息子系统

公安地理信息系统是采集、存储、管理、检索、分析并应用与地理空间分布有关的各种公安属性数据的计算机软件系统，它利用先进的 GIS 技术将公安电子地图视觉化实现公安数据在电子地图上的可视化表示，使数据和分析的结果更为直观简洁。

1．设计目标

（1）能对建筑物、构筑物等重点防护对象及区域的属性实现一定程度上的实时管理，为调度指挥、日常监督管理和规划等提供及时、准确且全面的有关地理信息。

（2）能对大型车辆，特别是消防车辆和消防水源等警力资源全面实时管理，能自动确定最佳的行车路线等有关信息。

（3）借助 GIS 技术实现数据与图形和图像等多媒体信息的综合处理，并以多种形式实现数据的输入、查询、统计、分析和决策等，能输出各种专题图和报表。

（4）在结构和功能上具有一定的开放性和可扩充性，能根据公安业务的不断变化和不断增长，方便地扩充和延伸系统。

（5）公安电子地图包括如下内容：

- 广域地图包含全市或县远郊乡、镇地图、行政区，以及道路、水源和公安实力分布等相关信息；
- 接警地图包含派出所、消防中队、交警大队辖区图，以及道路、水源和安全重点单位等相关信息；
- 警区地图包含以警情地点为中心的一幅作战区域图，以及道路、水源、毗邻单位和毗邻警力部署等相关信息；
- 街路信息包括编号、街路名称、起点、终点、街路级别，长度，宽度、交叉路口和路面情况等。

（6）能与中心接处警及基层接警系统联动。

2. 功能结构设计

1）维护与管理电子地图

公安电子地图维护系统是整个公安地理信息子系统的基础,负责建立和更新各类地理信息基础数据和相应的电子地图,如警力实力分布图、重点单位分布图、消防消火栓分布图、医疗救护单位分布图、环境保护单位分布图、煤气公司分布图、消防水源分布图、供电局所分布图及其地理对象的属性信息。并提供更新、查询和显示等功能,重点在图层及图标的添加与修改,还能对显示的电子地图进行无极缩放、漫游及图层控制显示。

该系统利用多媒体的手段,多角度且多层次地再现公安防控区域的地理特征,使系统产生的信息更加直观并易于接受和理解。系统提供良好的人机交互式地理信息数据库维护方式,允许系统维护人员直接执行数据录入、追加、修改、更新和删除等操作。

该子系统负责与中心接处警子系统及基层接警子系统相关联的如下 4 类电子地图的建立与维护:

(1)建立与维护广域公安地图,包括全市、县或远郊乡镇地图、行政区及道路、基层警力单位分布及消防水源等相关信息。

(2)建立与维护接警电子地图,包括基层公安单位辖区图及道路、消防水源、安全重点单位和基层单位等相关信息。

(3)建立与维护警区地图,包括以警情发生地点为中心的一幅作战区域图,以及道路、消防水源、毗邻单位、毗邻警力、大型公安车辆和消防车辆部署等相关信息。

(4)建立与维护战斗预案图,包括重点单位平面和立体预案图。

2）分析与定位地理信息

地理信息分析与定位系统是一个地理信息管理系统,基本功能是根据警情信息要求的快捷响应、准确且操作性好的特点迅速将报警点显示到窗口的正中位置,并用一个醒目的图标闪烁,也可以及时从后台数据库中检索出报警点及周围单位信息和周围消防消火栓信息等。

系统能根据主叫电话号码、装机地址或单位自动定位到报警点所在区域的数字化的电子地图,使公安信息数据在电子地图中得到可视化、空间化和地理信息化方面充分展示,对各级指挥人员起到辅助决策的作用。当然也包括半自动或人工定位,并支持模糊定位。

3）查询与显示地理信息

整个"三台合一"通信指挥系统的各接处警受理台、基层单位接警终端台,以及其他需要 GIS 信息显示的计算机均能够实现 GIS 系统的基本地图显示功能,如放大、缩小、漫游、分层,以及地理对象属性的查询功能等,并能够根据规范的要求显示广域公安地图、接警消防地图、警区战区图和战斗预案图。

通过界面实现地图上的各地理对象的位置和属性查询，既可以在地图上直接点击获得点击处的各地理对象重点单位和基层单位等的相关属性信息，也可以通过输入名称、地址拼音缩写或其他属性条件定位到某一个或一组地理对象，从而获得其地理信息和属性信息。

9.5.5　信息综合管理子系统

信息综合管理子系统是"三台合一"通信指挥系统技术构成中利用系统资源采集、存储、检索、处理、显示、传输及分析公安信息的部分。

1．设计目标

（1）市县级"三台合一"通信指挥系统主要数据库包括地理信息数据库、气象数据库、公安实力数据库、消防设施相关数据库（消防水源数据库和灭火救援器材数据库等）、重点防控单位信息数据库、各类事故案件特性数据库（包括 110 特性数据库、119 特性数据库和 122 特性数据库）、化学危险品数据库（119 和 122 公用）和警情处理记录数据库（包括 110 警情处理数据库，以及 119 警情处理数据库和 122 警情处理数据库）等。

（2）气象数据库包括晴、阴、雨、雪、雾、温度、风向和风力等。

（3）公安实力数据库包括各派出所、消防中队、交警大队名称、值班领导姓名、值班员姓名，执勤人数、车辆编号，车辆类型和车辆状态等。

（4）消防设施相关数据库包括水源编号、名称、位置、管网形式、口径、压力、流量（或储水量）、器材名称、放置地点和数量等。

（5）重点防控单位信息数据库包括单位编号、单位名称、单位地址、目标物、毗邻单位、电话号码、联系人、责任派出所、责任消防中队及行车路线、生产储存物资、建筑物类型及高度、重点部位、危险性、地理位置，以及预案（包括消防建筑平面图、立体图、内部结构图和单位内保安和消防实力部署）等。

（6）各类事故案件特性数据库包括事故到案件名称、特性、危险性、处置对策、战术原则、技术方法及典型方案等。

（7）化学危险品数据库包括名称、别名、分子式、主要特性、闪点，熔点、沸点、自燃点、相对密度，爆炸极限、灭火剂、应急措施和注意事项等。

（8）警情处理记录数据库包括事故到案件编号、发生地点、类别、原因、报警时间、出动时间、到场时间、结束时间、指挥员姓名、出动队数量、出动车辆数量、出动车辆类型、消防灭火救援器材使用情况、损失情况和伤亡情况等。

（9）系统应具有消防基本信息查询和综合信息查询、统计与分析功能，结果显示直观。并具有建立与维护各类数据库等管理功能，可自动归档处理。

2．功能结构设计

1）数据库管理

数据库中存储与系统有关的多种信息和记录，数据库管理提供这些信息和记录的基本管理功能，包括信息的录入、查询、修改、删除及打印等功能。

2）档案管理

档案管理是警情受理与调度信息管理模块组成成分之一，是实现警情档案标准化的重要手段，建立和维护三警种作战记录数据库是档案管理的主要任务。档案管理包括接处警档案的记录与整理两个方面，接处警档案包含文字信息、电话录音、现场图像和照片等，具体包括接警时间、接警人、报警人、报警地点、发生地点、警情描述、出动方案、出动指令下达时间、出动指令下达时的电话录音、到达现场时间、结束时间、增援指令、增援指令下达及电话录音记录、现场图像、图片、善后情况如损失情况、伤亡情况及过程总结等信息。

档案的生成伴随整个任务执行过程，其中有些记录是自动生成的，如出动指令的时间记录；有些内容需要人工输入，如执行任务事后情况的记录。

在任务执行结束之后需要利用系统整理相应的档案。

一般情况下，档案只允许补充内容，而不允许擅自删除。

3）警情受理台管理

（1）操作员管理。

管理警情受理台的操作员信息包括口令、权限和使用日志等，提供录入、查询、修改和删除功能。

操作员分为 3 类，即系统管理员、接警值班人员和系统资料维护人员，系统管理员权限最高，拥有接警值班人员和系统资料维护人员所具有的权限，还可以执行操作员的增加、删除和权限分配等工作；接警值班员只能在接警台登录接警处理系统，完成接警；系统资料维护人员维护系统运行所需资料，包括输入、修改和删除等。

（2）警情受理台工作模式管理。

"三台合一"通信指挥系统的警情受理台可在 3 种模式下工作，一是警情受理模式，这是系统的主要工作模式，处理报警、接警、辨识、调度、指挥、通信、检索和控制等一系列实时作业。该模式以操作员登录开始，以操作员退出结束；二是系统日常管理模式，该模式包括警情受理中基本信息和消防地理信息的建立、系统本身的维护和测试作业。该模式以维护人员登录开始，以维护人员退出结束；三是模拟演练模式，该模式模拟报警、接警、辨识、调度、指挥、通信、检索和控制等火警受理处理的全过程。但每一步都要标明是模拟演练，并且过程信息只记入模拟训练数据库中。

各个受理台可以只有一种或多种工作模式，系统管理员指定并管理各个受理台的工作方式，各个受理台只能在授权方式下工作。

4）综合查询、统计与分析

综合查询是以系统综合信息和警情档案信息为基础进行的各种信息查询，即从数据库中查询抽取需要的数据进行整理、统计、分析、显示和打印，结果要以直观形式表现。

系统包括电话信息、气象信息、公安实力信息、设备器材信息、重点防控单位信息、案件事故特性、化学危险品、战术及作战记录查询统计等。

5）系统维护与管理

（1）通信管理。

建立各种联系人情况数据库，在需要时系统根据时段不同自动拨打办公室电话、家里电话或手机与联系人取得联系，这些联系人主要包括公安局和基层单位领导；相关政府机构工作人员；社会联动机构相关部门或人员，如电力局、煤气公司、自来水公司、医院等；重点单位有关人员及相关技术人员等。

（2）日常维护。

提供系统日常的测试功能，包括测试警情受理台工作情况和工作模式、测试警情受理台工作情况和工作模式，以及测试硬件设备工作情况（中继设备、交换机和打印机等）。

及时发现系统故障并报警，并且将故障信息记录在系统的运行日志数据库中；同时提供运行日志的查询和打印功能。

（3）数据库管理。

一是数据库备份，采用系统定时自动备份和手工备份方式；二是恢复备份数据；三是清理，即删除用户所选数据表中的所有数据，主要用于系统初始化；四是卸载数据库中的部分历史数据，避免数据量太大影响系统运行效率。

（4）综合显示信息

公安信息的动态完整显示，为制订任务出动方案提供重要的决策依据。

系统通过包括大屏幕投影和 LED 等多种先进的显示设备动态显示执勤实力、气象信息，以及各种与公安相关的地理信息。

第10章　森林公安应急指挥系统建设实践

10.1　概述

森林公安机关既是国家公安机关的组成部分，又是林业主管部门中的一支重要执法力量。我国森林公安自 1948 年组建，特别是从 1984 年林业部公安局成立以来忠实地履行职责，并且积极参与林业和生态环境建设，全力保卫森林资源安全和生态安全。为维护社会稳定、保障林业和生态建设的顺利发展做出了巨大且不可替代的贡献，得到了党和国家的一致认可和国家主管部门的充分肯定。

在我国的现行管理体制下，森林公安作为林业部门的下属单位之一，也承担着森林执法及森林防火等一系列重要任务。

当前我国林业违法活动呈现多样化的趋势，犯罪分子反刑侦意识不断加强。为了适应建设社会主义和谐社会的新形势要求，我国森林公安机关必须具备适应各类林业案件变化的快速、灵活及敏锐的反应能力，及时准确地掌握情报信息。对各类林业案件有更为清醒的认识和更为准确的预见才能适应新形势的要求，科学处理各类林业案件。数字化及信息化网络技术不仅为各种信息资源的存储和传输提供了全新的方式，而且大大方便了各类信息资源的生产与传播。因此我国森林公安为了完成科学预见、正确分析、提前预防及高效服务，必须实现警务数字化和信息化，走科学构建森林公安信息网络系统的道路。

科学构建我国森林公安信息系统是保证森林公安警务信息化发展的需要，森林公安情报信息网络建设对主动预防、及时发现案件线索、管理重点地区、杜绝重大破坏野生动植物、森林资源保护和森林火险案件的处理、适应当前森林保护新形势发展的需要、解决森林案件处理效率低下、林业资源管理滞后的问题，以及提升森林公安打防管控能力和水平均具有重大的作用。

我国森林公安机关完备的信息系统还没有建立，森林公安和地方公安情报分割和信息独享特点突出，野生动植物保护、森林防火、林业刑事案件和林区治安案件等信息不能及时有效地与地方公安情报信息交互共享。我国地方公安目前已建成的CCLC、人口信息和机动车信息等系统网络，然而我国森林公安还没有建成自主的情报信息网络系统。森林公安必须适应时代发展需要，科学利用现代化信息交互手段建设与地方公安信息资源共享的情报信息网络，这样才能实现快速决策、面向实战、高效管理和提高林业案件防控处理能力的情报信息支持力度。

10.2　发展现状与趋势

美国在 20 世纪六七十年代开始实行社区警务战略，90 年代初期一种与社区警务战略不同的新战略在英国和美国悄然兴起。这种战略在英国称为"以情报为导向的警务战略",在美国称为"以犯罪情报计算机统计分析为基础的警务战略"。从 2002 年起,上海警方正式启动了现代警务机制建设并初步建立了以指挥中心为龙头的应急反应机制、社会治安动态分析机制和"网格化"街面治安巡逻机制;其他省市也加强了此方面的建设,充分利用情报信息机制预警研判支持决策。目前国家林业局森林公安局成立了森林防火预警监测信息中心,承担着全国森林公安机关信息网络、信息管理系统建设、信息安全管理和公安科技管理等职责。在森林公安、森林防火信息化建设和信息安全管理等方面开展了相关工作,并取得了部分成果。一些地方森林公安机关依托地方公安网络资源就近接入,开展本地森林公安信息网络的基础设施建设和信息系统建设。

近年来,我国开展的数字城市作为建设过程中很多城市都意识到面对突发公共事件时,需要有相应的信息系统为决策做支撑,因此将应急指挥系统的建设提上日程。国内现阶段对于突发公共事件应急辅助系统的研究主要以城市安全为载体和对象,并呈现出不同的系统架构和实现方案。在城市级的应急指挥系统中,森林公安应急指挥决策系统往往会作为整个城市应急指挥决策系统的一个子系统,在一些林业发达城市也会为承担森林护卫的森林公安建设专门的应急指挥决策系统。随着林业越来越受重视,国家对森林生态的保护,特别是森林防火、野生动植物保护和森林执法的投入越来越大。从而为建设专项的森林公安应急指挥系统提供了良好的契机,我国很多城市都在积极开展森林公安应急指挥决策系统的建设。

10.3 贵阳市森林公安应急指挥决策系统的建设背景

森林火灾是世界上普遍发生、突发性强、破坏性大且处置扑救较为困难的公共性灾害,对森林资源和人民生命财产构成了严重威胁。2009 年,国家林业局和国家发展改革委员会联合印发了《全国森林防火中长期发展规划》。这是新中国成立以来第 1 个国家层面的森林防火规划,体现了党中央和国务院对森林防火工作的高度重视。它必将推动森林防火工作再上新台阶,对于发展现代林业、建设生态文明和推动科学发展具有十分重要的意义。该规划的实施将有利于全面提升我国森林防火综合能力,消除森林火灾隐患。并且巩固生态建设成果,保护人民群众生命财产安全,维护社会稳定。规划要求必须全面加强森林防火的预防、扑救和保障 3 大体系建设,重点建设好森林防火宣传教育工程、森林火险预警监测系统、林火阻隔系统、通信与信息指挥系统、森林航空消防系统、森林消防专业队伍及装备、物资储备库、森林火灾损失评估和火案勘查系统、科技支撑系统,以及培训基地建设等。

贵阳市是我国西南林区的重点地区,是全国闻名的森林城市。贵阳市政府及贵阳市林业绿化局积极响应国家"数字林业"的号召,大力提倡结合网络、通信和空间信息等技术手段的林业信息化工程。近年来,随着贵阳市生态建设力度的不断加大,森林地面积迅速增加,森林覆盖率稳步增长。与此同时,森林防火任务日益繁重,防火形势十分严峻。2007 年，全市共发生火警火灾 324 起，火场总面积 190.56 公顷，受害森林面积 121.55 公顷；2008 年，全市共发生森林火警火灾 263 起；2009 年，全年共发生森林火灾 206 起。

贵阳市林业绿化局充分认识到在现代高新技术迅猛发展的大环境下，森林防火工作要充分发挥科技创新的优势，使林火的预报、监测、扑救指挥决策及灾损评估等各项工作的过程更加科学、合理且迅捷，为贵阳市的生态环境建设提供可靠支撑和保障。为了满足森林火灾的预测预报、林火扑救和灾后评估等需求，建设覆盖贵阳市森林防火指挥中心及南明区、云岩区、花溪区、乌当区、息烽县、修文县、开阳县和清镇市的贵阳市公安应急指挥决策系统，从而推动贵阳市森林防火数字化建设跨上一个新台阶。

10.4　系统总体框架设计

系统采用 3 层结构设计，自底向上依次为林业防火数据库层、业务逻辑层和针对子系统的客户端层。

系统总体框架如图 10-1 所示。

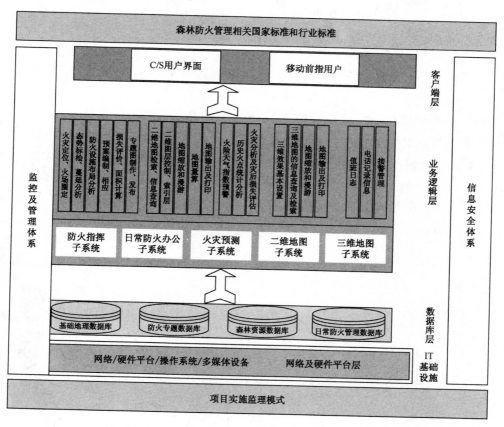

图 10-1　系统总体框架

10.4.1　林业防火数据库层

该层为系统业务逻辑层提供数据支持，在整个系统中占有重要地位，主要包括基础地理数据（遥感影像栅格数据和基础矢量信息数据）、森林防火专题数据库（各种森林防火基础数据）、森林资源数据库（二类调查数据和林相图）和日常防火办公管理数据库。

10.4.2　业务逻辑层

业务逻辑层面向贵阳市林业防火需求，在硬件设备、数据库和软件平台的支持下开发建设防火指挥子系统、二维地图子系统、三维地图子系统、火灾预测子系统和防火日常办公管理子系统。

系统采用层次化的 C/S 结构设计，这种体系结构作为当前信息技术领域的主流设计能够最大程度地满足系统的扩展性与兼容性。未来贵阳林业绿化局的业务改进与扩展均可在本系统的总体框架下，通过有选择地裁减不需要的业务功能、增加特定的业务逻辑模块和适当调整用户交互界面等规范化的技术手段实现系统的平滑升级与改型。

10.4.3　客户端层

C/S 架构的客户端根据用户的不同需求和权限分为贵阳市林业绿化局森林防火中心作业端及移动前指用户工作业端。

其中移动前指作业端满足火场前线扑救指挥分析管理等如下功能：

（1）林火指挥扑救功能；

（2）二维地图的基本功能（包括查询、统计、缩放、漫游、图层控制和制图打印等）；

（3）三维地图的基本功能（三维显示、三维漫游、飞行和制图打印）；

（4）态势标绘（火情态势和蔓延分析）；

（5）历史火情查询；

（6）灾后火情评估。

根据业务需求，软件系统的功能结构如图 10-2 所示。

如图所示，软件系统由森林防火指挥子系统、定位监控子系统和日常防火办公管理子系统 3 个部分组成，其中森林防火指挥子系统为防火应急提供基于电子地图的业务解决方案；定位监控子系统提供基于 Internet 的火灾救援人员和设施的定位与监控；日常防火办公管理子系统为林业业务部门提供网上办公的平台。

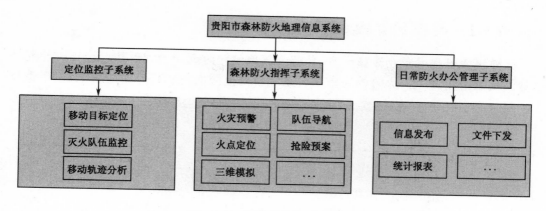

图 10-2 软件系统的功能结构

10.5 系统功能简介

森林公安应急指挥系统是整个森林公安信息化工程的业务核心，用户通过该系统完成火灾预警、火点定位、火情分析、方案部署，以及灾损分析等工作。其目的是在预警、指挥决策和灾后分析等工作中提供信息化平台，帮助贵阳市森林公安系统用户提高防火指挥工作的效率。

从功能上该系统由基础数据浏览、火灾预警和应急指挥 3 大功能模块组成。

10.5.1 基础数据浏览模块

基础数据浏览功能是森林公安应急指挥系统的基础，提供基于 GIS 的地图浏览、查询及测量等功能，为火灾预测和防火指挥提供信息化技术基础。该模块的各项子功能是系统业务功能的基础和最小组成部分，其界面如图 10-3 所示。

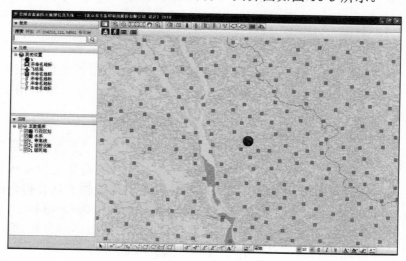

图 10-3 基础数据浏览模块界面

10.5.2　火灾预警模块

该模块主要利用专业计算模型，并基于气象站实时返回的气象数据计算火险天气指数并反馈给用户。当火险等级较高时系统自动提醒用户，其界面如图 10-4 所示。

图 10-4　火灾预警模块界面

10.5.3　应急指挥模块

应急指挥模块是贵阳市森林公安应急指挥决策系统的核心，用户通过该模块实现火灾的管理、指挥和监控、预案管理，以及灾后相关工作的处理。

防火指挥系统的主体是一个基于桌面的 C/S 系统，针对的用户是火灾监控指挥中心的操作人员，用户在该系统中可完成从火灾发生的火点定位到火情结束后的损失评估等一系列工作。

此外，系统也提供基于 Web 的服务接口。不在工作台位的工作人员或领导层（在软件系统中具有相应权限的用户）可通过 Web 站点了解到当前火灾救援队员或车辆的即时行进情况，便于管理和调度。

本模块的流程如图 10-5 所示，其中包括如下子模块。

1）火点定位

火点定位是防火指挥的第 1 步，火灾经过确认后，防火指挥人员首先需要做的就是火点定位。反映到系统上就是根据实际火灾发生的位置，在电子地图上标绘出一个代表火点的图标。

火点定位子模块的界面如图 10-6 所示。

2）火源分析

完成火点定位后防火指挥人员需要快速知悉火源周边的相关信息，如是否有油库及居民楼分布情况如何等，用来作为防火指挥决策和预案启动的依据。

系统用地理信息图层的方式，在指挥人员定位火点后通过火源分析功能方便地查看火点附近的各种地理要素信息，并支持通过属性表的方式帮助用户了解火源附近各要素的详细信息。

该子模块的界面如图 10-7 所示。

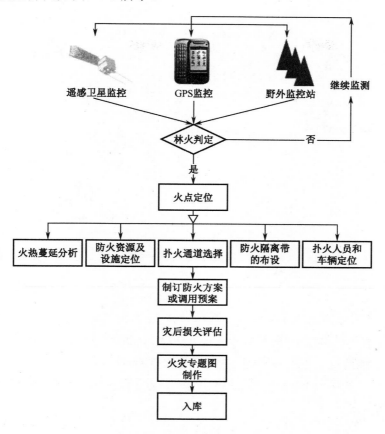

图 10-5　应急指挥模块的流程

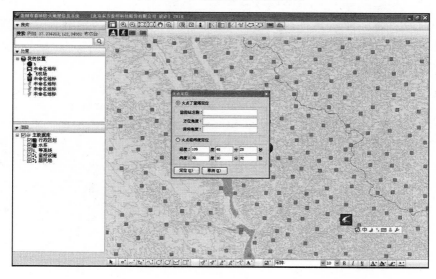

图 10-6　火点定位子模块的界面

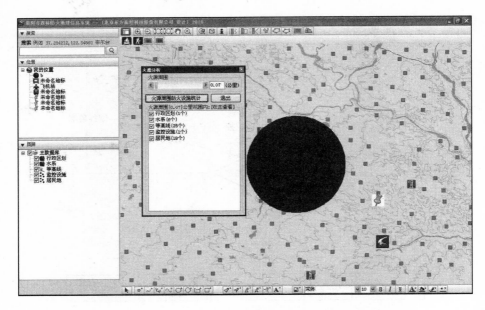

图 10-7　火源分析子模块的界面

3）扑火预案管理

根据国家和地方规定的火灾紧急预案的相关规定及以往经验,预先制订火灾预案方案,减小多种情况下的火灾损失。将灭火的负责人、火灾林区地点、灭火工具的调用和灭火的方法等信息提前录入数据库,在火灾指挥时可以启用林火扑救紧急预案,做到有备无患。

在火灾发生时指挥管理子系统接收火灾现场发来的各种数据和灭火力量态势等信息,直观且迅速地加载在基础地理数据层上。指挥人员可以简便并准确地判断态势,指挥前方灭火工作。系统提供文字预案和图形化预案,并支持预案管理及根据火点直接调动预案的功能。

扑火预案管理子模块的界面如图 10-8 所示。

4）灾后损失评估

根据国家规定的火灾损失评估标准和计算方法,将勾绘的火场范围通过森林资源数据库中的林相图和资源档案核算出林木损失。采用高分辨率卫星遥感图像、航测图片及地面 GPS 圈定火场区域,依据火烧程度和《全国森林火灾经济损失额计算方法统计及行业标准》利用地理信息专题数据库建立火灾损失评估数学模型估算综合经济损失。系统支持过火面积和经济损失评估统计和分析。

灾后损失评估子模块的界面如图 10-9 所示。

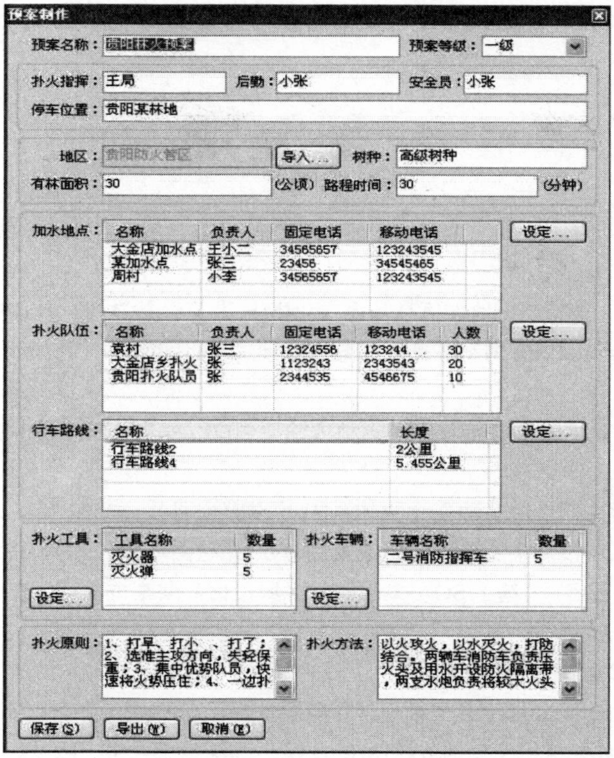

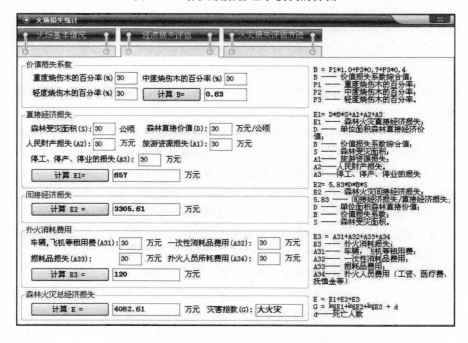

图 10-8　扑火预案管理子模块的界面

图 10-9　灾后损失评估子模块的界面

参 考 文 献

[1] 陈爱军,李琦,徐光祐.数字地球建设中的地理空间信息分层共享模型.软件学报,2002,13(8):1436-1440.

[2] 陈述彭,鲁学军,周成虎.地理信息系统导论[M].北京:科学出版社,1999.

[3] 陈曦,傅明.基于多 Agent 的动态路径规划方法研究[J].计算机工程与应用,2002,21:228-229,235.

[4] 陈本兰.社会治安状况评估指标体系和评估方法研究[J].福建公安高等专科学校学报,2005(6):27-30.

[5] 陈保笏.构建科学的社会治安动态评估体系[J].广东公安科技,2004 年第 2 期.

[6] 丁胜昔,张其善.城市复杂道路网的路线规划算法[J].遥测遥控,2004,25(1):36-39.

[7] 丁火平,陈建平,余剑平.基于 SOA 架构的数字城市信息共享方法研究[J].计算机工程与设计,2009,30(20):4632-4635.

[8] 高俊.地理空间数据的可视化[J].测绘工程,2000,9(3):1-7.

[9] 龚健雅.GIS 中面向对象时空数据模型[J].测绘学报,1997(4):289-298.

[10] 龚健雅.GIS 的数据组织及处理方法[M].武汉:武汉测绘大学出版社,1992:45-56.

[11] 谷风云,崔希民,谢传节,等.虚拟地理环境中时态信息可视化表达方法研究[J].现代测绘,2004,27(1):11-13.

[12] 古凌岚.GIS 最短路径分析中 Dijktsra 算法的优化[J].计算机与数字工程,2006(12).

[13] 国家地理空间信息协调委员会办公室.自然资源和地理空间信息整合与共享研究[M].北京:科学出版社,2007.

[14] 韩刚,蒋捷,陈军,等.车载导航系统中顾及道路转向限制的 Dijktsra 法[J].测绘学报,2002,31(4):366-368.

[15] 何建邦,闾国年,吴平生.地理信息共享的原理与方法[M].北京:科学出版社,2003.

[16] 何建邦,阎国年,吴平生.地理信息共享的原理与方法[M].北京:科学出版社,2003.

[17] 贺日兴.犯罪制图——地理信息技术应用新领域[J].测绘通报,2003,(6):48.

[18] 承继成,李琦,易善桢.国家空间信息基础设施与数字地球[M].北京:清华大学出版社,1999.

[19] 江洲,李琦.地理编码的应用研究[J].地理与地理信息科学,2003(3):22-25.

[20] 李琦,甘杰夫.数字城市空间信息与服务集成交换平台系统分析与设计[J].计算机科学,2005,32(9):123-126.

[21] 李琦,杨超伟."数字地球"的体系结构[J].遥感学报,1996,3(4):254-258.

[22] 李琦,常磊,王凌云.面向数字城市的空间数据库设计与实现[J].计算机科学,2004,31(3).

[23] 李德仁.信息高速公路,空间数据基础设施与数字地球[J].测绘学报,1999,28(1):1-5.

[24] 李宁宁,刘玉树.改进的 Dijktsra 算法在 GIS 路径规划中的应用[J].计算机与现代化,2004,9

［25］李芳，邬群勇，汪小钦.基于 OGC 规范的遥感影像数据服务研究[J].测绘信息与工程，2009，34（4）：30-32.

［26］李宗华，彭明军.武汉市地理空间信息共享服务平台的建设与应用[J].测绘与空间地理信息，2009，32(3)：1-3.

［27］李红旮、崔伟宏.地理信息系统中时空多维数据可视化系统研究[J].遥感学报，1999，3(2)，157-163.

［28］李元臣，刘维群.基于 Dijkstra 算法的网络最短路径分析[J].微计算机应用，2004，(3).

［29］李湘吉.GIS 数据空间理论与空间分析算法的研究和应用.

［30］李宁宁，刘玉树.改进的 Dijkstra 算法在 GIS 路径规划中的应用[J].计算机与现代化.2004，9.

［31］刘彦良，王洪涛.复杂网络的优化模型及最短路径求解[J].天津理工大学学报，2006，22(1)：33-35.

［32］刘建生，曾辉，邹晖.城市刑事犯罪趋势之定量分析[D].中国人民公安大学学报：社会科学版，2006(6)：137-151.

［33］乐阳，龚健雅.Dijkstra 最短路径算法的一种高效率实现[J].武汉测绘科技大学学报.1999，24(3)：209-212. No.3.

［34］陆锋.最短路径算法:分类体系与研究进展[J].测绘学报，2001，30(3)：269-275.

［35］罗年学.时空对象模型及其在地籍信息系统中的应用研究[D]，武汉：武汉大学，2002.

［36］罗雪山，罗爱民.C4ISR 系统的体系结构框架研究.C4ISR 系统发展及对策高级学术研讨会论文集[C]. 长沙：国防科技大学，2000，185-206.

［37］鲁小娟.基于 GML 地理空间数据表达的研究[J].计算机与数字工程，2008(1)：108-110.

［38］闾国年，张书亮，王永君，等.地理信息共享技术.北京：科学出版社，2007.

［39］梅建明.论环境犯罪学的起源、发展与贡献[J].中国人民公安大学学报(社会科学版)，2006(5)：68-72.

［40］孟令奎，史文中.网络地理信息系统原理与技术[M]. 北京：科学出版社，2005.

［41］裴燕，徐伯权.美国 C4ISR 系统发展历程和趋势[J].系统工程与电子技术，2005，(4).

［42］浦争艳，李明禄，李治洪.复杂网络环境下一种面向对象的最优路径算法研究[J].计算机工程，2005，30（16）：80-82.

［43］钱蕙斌.基于 OGC 标准的空间数据共享关键技术研究[D]. 浙江大学，2006.

［44］施志梅.基于 Web Service/GML 的空间互操作研究.四川测绘，2007，30(5)：213-216.

［45］司连法，王文静.快速 Dijktsra 最短路径优化算法的实现[J].测绘通报，2005(8)：15-18.

［46］宋延，石建军，许国华.适用于路径规划系统的动态路网描述模型[J].交通与计算机，2004，22(5)：28-31.

［47］孙峰华，李世泰，黄丽萍.中外犯罪地理规律实证研究[J].人文地理，2006(5)：14-17.

［48］唐新明，吴岚. 时空数据库模型和时间地理信息系统框架[J]. 遥感信息，1999，4-8.

［49］王连备.基于中间件的遥感影像数据共享技术研究[J]. 测绘工程，2009，18(5)：51-54.

［50］王少波，解建仓，王晓辉.基于 OGC WMS 规范的 WebGIS 开发与应用[J]. 计算机工程与应用，2006，35：226-229.

[51] 王开义，赵春江，胥桂仙，宋晓宇.GIS 领域最短路径搜索问题的一种高效实现[J]. 中国图像图形学报.2003，8.

[52] 王家耀. 空间信息系统原理[M]. 北京：科学出版社，2001.

[53] 王春生.城市大面积应急疏散中交叉口车流疏导方案的优化及仿真[J].城市道桥与防洪，2007(12)：11-15.

[54] 王文俊.突发公共事件应急系统及其技术体系[J].信息化建设，2005(9)：18-20.

[55] 王发曾.城市犯罪分析与空间防控[M].北京：群众出版社，2003.

[56] 王秀斌.GIS 网络分析中最短路径的实现[J].测绘科学.2007(5)，61-62.

[57] 王开义，赵春江，胥桂仙，宋晓宇.GIS 领域最短路径搜索问题的一种高效实现[J].中国图像图形学报．2003，8.

[58] 温丽敏，陈宝智.重大事故人员应急疏散模型研究[J].中国安全科学学报，1999，9(6)：69-73

[59] 吴军等.GIS 在应急指挥系统中的应用.第八届 ESRI 中国用户大会论文集[M].北京：测绘出版社，2009，70-74.

[60] 吴小毛.湖南省公安部门信息共享与资源整合问题研究：［硕士学位论文］．长沙：国防科学技术大学，2007.

[61] 夏松，韩用顺.GIS 中最短路径算法的改进实现[J].测绘通报.2004，9.

[62] 肖建新，等.图文一体化警用 GIS 系统.见：ESRI 中国（北京）有限公司，编.2009 第八届 ESRI 中国用户大会论文集.北京：测绘出版社，2009，665-667.

[63] 肖桂荣.区域地理空间数据共享平台与目录服务研究[J]. 计算机工程与应用，2009，45(16)：155-158.

[64] 肖国清，廖光煊.建筑物火灾中人的疏散方式研究[J]. 中国安全科学学报，2006，16(2)：26-29.

[65] 徐业昌，李树祥，朱建民等.基于地理信息系统的最短路径搜索算法[J].中国图像图形学报.1998，3(1)：39-43.

[66] 颜波.车载动态自主导航系统中的动态最优路径规划[D]. 清华大学汽车工程系，2004.

[67] 杨昆，许泉立，彭双云，等.基于 ArcGIS 的城市警用地理信息系统的研究和开发[J].昆明理工大学学报（理工版），2005，30(6)：1-6.

[68] 姚鹤岭.OGC 与我国地理信息产业[J].测绘学院学报，2004，21(2)：145-147.

[69] 叶荣青.福建省基础地理信息数据库共享方案研究[J].测绘标准化，2008，24(3)：19-21.

[70] 曾文.公安地理信息系统的设计与实现[J].计算机工程与设计，2004，25(3)：451-453.

[71] 周建军，刘刚，李素，等.警用 GIS 辅助系统的实现[J].计算机工程，2008，34(13)：280-282.

[72] 张燕燕、胡毓钜. 地图可视化[J]，测绘工程，2001，10(1)：27-29.

[73] 张渭军，王华.城市道路最短路径的 Dikjsrta 算法优化[J].长安大学学报(自然科学版)，2005，25(6)：62-65.

[74] 张小国，王庆，万德钧.基于电子地图的路径最优算法研究[J].中国惯性技术学报，2001，9(1)：44-49.

[75] 镇常青.多目标决策中的权重调查确定方法[J].系统工程理论与实践，1987.7(2):16-24.

[76] 张浩.广州市社会治安状况预测及相关性分析[D].国防科技大学，2007.

［77］张福浩，刘纪平，李青元.基于 Dijkstra 算法的一种最短路径优化算法[J].遥感信息.2004(2)：38-41.

［78］GA/Z01—2004　城市警用地理信息系统标准体系.

［79］GA/T 491—2004　城市警用地理信息分类与代码.

［80］GA/T 492—2004　城市警用地理信息图示形符号.

［81］GA/T 493—2004　城市警用地理信息系统建设规范.

［82］GA/T 530—2005　城市警用地理信息数据库数据组织及命名规则.

［83］GA/T 532—2005　城市警用地理信息图层分层和命名规则.

［84］GA/T 529—2005　城市警用地理信息空间数据属性结构.

［85］GA/T 531—2005　城市警用地理信息专题图及地图版式.

［86］Abel，D J，Taylor，K，Ackland，R et al.，1998. An exploration of GIS architectures for Internet environments. Computers，Environment and Urban Systems，22(1)：7-23.

［87］A.L，Nelson，R D F. Bromley，C.J. Thomas，identifying MicroSpatial and Temporal Patterns of Violent Crime and Disorder in the British City Centre[M].Applied Geography 21，2001，249-274.

［88］Advanced battlefield information system (ABIS) [EB/OL].

［89］Campos，V B G，da Silva，PA L，Netto，PO B. Evacuation transportation planning: a method of identifying optimal in dependent routes[A]. Surcharov，L J. Proceedings of Urban Transport V: Urban Transport and the Environment for the 21st Century[C]. Southampton: WIT Press，2000，555-564.

［90］Chang，Y S Park，H D，2006. XML Web service-based development model for Internet GIS applications. International Journal of Geographical Information Science，20(4)：371-399.

［91］Chen X W，Zhan，F B. Agent-based modeling and simulation of urban evacuation: relative effectiveness of simultaneous and staged evacuation strategies[J]. Journal of the Operational Research Society，2008，59(1)：25-33.

［92］Chow，W K，Ng，C M Y. Waiting time in emergency evacuation of crowded public transport terminals[J]. Safety Science，2008，46(5)：844-857.

［93］DEO N，PANG C Y. Shortest Path Algorithms: Taxonomy and Annotation[J].Networks，1984，14：275-323.

［94］Di，L，2004. Distributed Geospatial Information Services-Architectures，Standards，and Research Issues. The International Archives of Photogrammetry，Remote Sensing，and Spatial Information Sciences，35(Part 2).

［95］Director of command，control，communication，and computer (Joint Staff) Director，defense research and engineering (OSD)[R].Advanced Battlespace Information System（ABIS) Task Force Report，1996，2(5)：138.

［96］Drabek，T E. Human Responses to Disaster[M]. New York: Springer，1986.

［97］Dunn，C E，Newton，D. Optimal routes in GIS and emergency planning applications[J]. Area，1992，24：259-267.

［98］Fahui Wang, Geographic Information Systems and Crime Analysis[M].Idea Group Publishing, 2004, 197−209.

［99］Fotheringham, A S, Geographic information systems for transportation: Principles and applications. International Journal of Geographical Information Science, 2003, 17(3): 294−295.

［100］Fu, X, Bultan, T, Su, J. Analysis of interacting BPEL web services. ACM New York, NY, USA, 621−630.

［101］Fu, H Q. Development of dynamic travel demand models for hurricane evacuation [D]. Louisiana State University and Agricultural & Mechanical College, 2004.

［102］Gewin.V, Mapping Opportunities. Nature, 2004, 427(6972): 376−377.

［103］Galea, E R, Owen, M, Lawrence, P J. Computer modelling of human behaviour in aircraft fire accidents [J].Toxicology, 1996, 115(1-3): 63−78.

［104］Gwynne, S, Galea, E R, Owen, M, et a.l A review of themethodologies used in the computer simulation of evacuation from the built environment[J]. Building and Environment, 1999, 34(6): 741−749.

［105］Harvey, F., The social construction of geographical information systems. International Journal of Geographical Information Science, 2000, 14(8): 711−713.

［106］Herbert, David, The Geography of Urban Crime [M]. New York: Longman, 1982.

［107］Jankowski, P., Community participation and geographic information systems. International Journal of Geographical Information Science, 2003, 17(7): 715−716.

［108］Jiang, B., Yao, X., Location-based services and GIS in perspective. Computers, Environment and Urban Systems, 2006, 30(6): 712−725.

［109］John Lowman, Conceptual Issues in the Geography of Crime:Toward a Geography of Social Control[J]. Annals of the Association of American Geographers, 1986(1): 76:81−94.

［110］Kirchner, A, Klupfe, l H, Nishinar, i K, etal. Simulation of competitive egress behavior comparison with aircraft evacuation data[J]. PhysicaA: Statistical Mechanics and its Applications, 2003, 324(3-4): 689−697.

［111］L Φ vas, G G. Models of way finding in emergency evacuations[J]. European Journal of Operational Research, 1998, 105(3): 371−389.

［112］Lin Liu, Xuguang Wang, John Eck. Simulating Crime Events and Crime Patterns in a RA/CA Model[J]. Geographic Information Systems and Crime Analysis, 2005: 197−213.

［113］Lindel, l M K. EMBLEM2: An empirically based large scale evacuation time estimate model[J]. Transportation Research PartA:Policy and Practice, 2008, 42(1): 140−154.

［114］Lin, P, Lo, SM, Huang, H C, et al. On the use of multi-stage time-varying quickest time approach for optimization of evacuation planning [J]. Fire Safety Journal, 2008. 43(5): 282−290.

［115］Liu, Y. An integrated optimal control system for emergency evacuation[D]. University of Maryland, 2007.

［116］Miller-Hooks, E, Patterson, S S. On solving quickest time problems in time-dependent, dynamic networks[J]. Journal of Mathematical Modeling and Algorithms, 2004, 3(1): 39-71.

[117] Mitchell, SW, Radwan, E. Heuristic prioritization of emergency evacuation staging to reduce clearance time[A]. The 85th Annual Meeting of Transportation Research Board[C], 2006(2): 468-2493.

[118] Paul L Labbe, P Engineer R, ene Proulx.Impact of Systems and Information Quality on Mission Effectiveness [J].

[119] Pan X S, Han, C S, Dauber K, et al. Human and social behavior in computational modeling and analysis of egress [J]. Automation in Construction, 2006, 15(4): 448-461.

[120] Pires, TT. An approach for modeling human cognitive behavior in evacuation models [J]. Fire Safety Journal 2005, 40(2): 177-189.

[121] Pidd, M, de Silva, F N, Eglese, RW. A simulation model for emergency evacuation[J]. European Journal of Operational Research, 1996, 90(3): 413-419

[122] Pundt H, Field data collection with mobile GIS: Dependencies between semantics and data quality. Geoinformatica, 2002, 6(4): 363-380.

[123] Thompson, P A, Marchant, E W. Computer and fluid modelling of evacuation[J]. Safety Science, 1995, 18(4): 277-289.

[124] Tüydes H. Network traffic management under disaster conditions [D]. Northwestern University, 2005.

[125] Urbanik T. State of the art in evacuation time estimates for nuclear power plants[J]. International Journal of Mass Emergencies and Disasters, 1994, 12: 327-343.

[126] Urbanik T. Evacuation time estimates for nuclear power plants[J]. Journal of Hazardous Materials, 2000, 75(2-3): 165-180.

[127] U. S. Army Corps of Engineers. Alabama Hurricane Evacuation Study Technical Data Report: Behavioral Analysis[R].U. S. Army Corps of Engineers, 2000.

[128] William V. Ackerman, Alan T. Murray, Assessing Spatial Patterns of Crime in Lima, Ohio[J].Cities, 2004, 5(21): 423-437.

[129] Yamada, T. A network flow approach to a city emergency evacuation planning [J]. International Journal of Systems Science, 1996, 27(10): 931-936.

[130] Zarboutis N, Marmaras N. Design of formative evacuation plans using agent-based simulation[J]. Safety Science, 2007, 45(9): 920-940.

[131] Zhao, D L, Yang, L Z, Li J. Exit dynamics of occupant evacuation in an emergency[J]. Physica A: Statistical Mechanics and its Applications, 2006, 363(2): 501-511.

[132] Zhao, L D. A New Approach for Modeling the Occupant Response To a Fire in a Building[J]. Journal of Fire Protection Engineering, 1999, 10(1): 28-38.

[133] Zhang Q, Liu M, Wu C, et al. A stranded- crowd model (SCM) for performance-based design of stadium egress[J]. Building and Environment, 2007, 42(7): 2 630-2 636.